Un crapaud peut-il détecter un séisme ?

90 clés pour comprendre les séismes et tsunamis

Collection *Clés pour comprendre*

Le tout bio est-il possible ?
90 clés pour comprendre l'agriculture biologique
Bernard Le Buanec, 2012, 240 p.

Les poissons d'élevage sont-ils stressés ?
80 clés pour comprendre l'aquaculture
Michel Girin, 2012, 144 p.

Où les papillons passent-ils l'hiver ?
100 clés pour comprendre les papillons
Patrice Leraut, 2012, 144 p.

Nos aliments sont-ils dangereux ?
60 clés pour comprendre notre alimentation
Pierre Feillet, 2011, 240 p.

Le loup hurle-t-il à la lune ?
180 clés pour comprendre les carnivores
Luc et Muriel Chazel, 2011, 216 p.

Toutes les bières moussent-elles ?
80 clés pour comprendre les bières
Jean-Paul Hébert et Dany Griffon, 2010, 224 p.

Les insectes ont-ils un cerveau ?
200 clés pour comprendre les insectes
Vincent Albouy, 2010, 200 p.

Éditions Quæ
RD 10
78026 Versailles Cedex, France

ISBN : 978-2-7592-1816-5
ISSN : en cours

Louis Géli et Hélène Géli

Un crapaud peut-il détecter un séisme ?

90 clés pour comprendre les séismes et tsunamis

Éditions Quæ

« Assurons-nous bien du fait
avant que de nous inquiéter de la cause.
Il est vrai que cette méthode est bien lente
pour la plupart des gens qui courent naturellement
à la cause, et passent par-dessus la vérité du fait.
Mais enfin, nous éviterons le ridicule d'avoir
trouvé la cause de ce qui n'est point. »

Fontenelle

Remerciements

Nous remercions les éditions Quae d'avoir mené à bien ce projet d'ouvrage, et plus particulièrement Nelly Courtay pour sa disponibilité, sa patience et sa détermination ainsi que Véronique Leclerc, qui nous a fait partager son expérience.

Nous sommes très reconnaissants à Jean-Claude Sibuet, qui nous a fait l'amitié de nous autoriser à publier son témoignage exceptionnel sur le séisme japonais du 11 mars 2011, ainsi qu'à Mary-Hélène Noël Kawachi, scientifique française vivant au Japon depuis 16 ans, qui a accepté de nous livrer ses émotions et son vécu de cette catastrophe.

Notre reconnaissance va également à Pierre Henry, Xavier Le Pichon et Émile Okal pour leur éclairage sur le séisme de Tohoku ainsi qu'à tous les collègues qui ont pris de leur temps pour discuter certains points de l'ouvrage ou pour fournir des images, libres de droits : Éric Calais, Azzedine Boudiaf, Michel Olagnon, Serge Lallemand, François Schindélé, Marion Bard, Pierre-Yves Bard, Michel Bouchon, Jean-François Ritz, Rémy Bossu, Gilles Mazet-Roux, Pascal Bernard, Philippe Lognonné, Gilles Charpentier, Patrick Lebret, Jean-Claude Ruegg, Sébastien Hardy, Julien Dorol, Jeff Kubina, Marc-André Gutscher, Rolando Armijo, Jean Vandemeulebrouck, Robin Lacassin. Quant à Nikos Nadiilidis et Christoph Grützner, ils nous ont fourni gracieusement de splendides photographies, qu'ils en soient remerciés.

Un grand merci enfin à Laetitia Morvan pour sa contribution à l'iconographie.

Table des matières

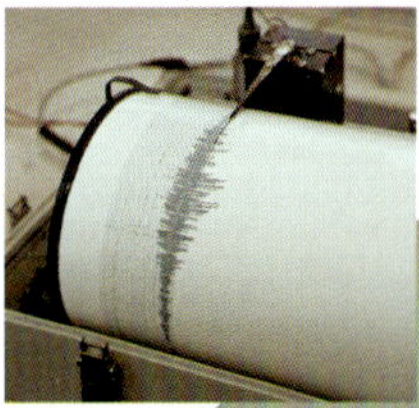

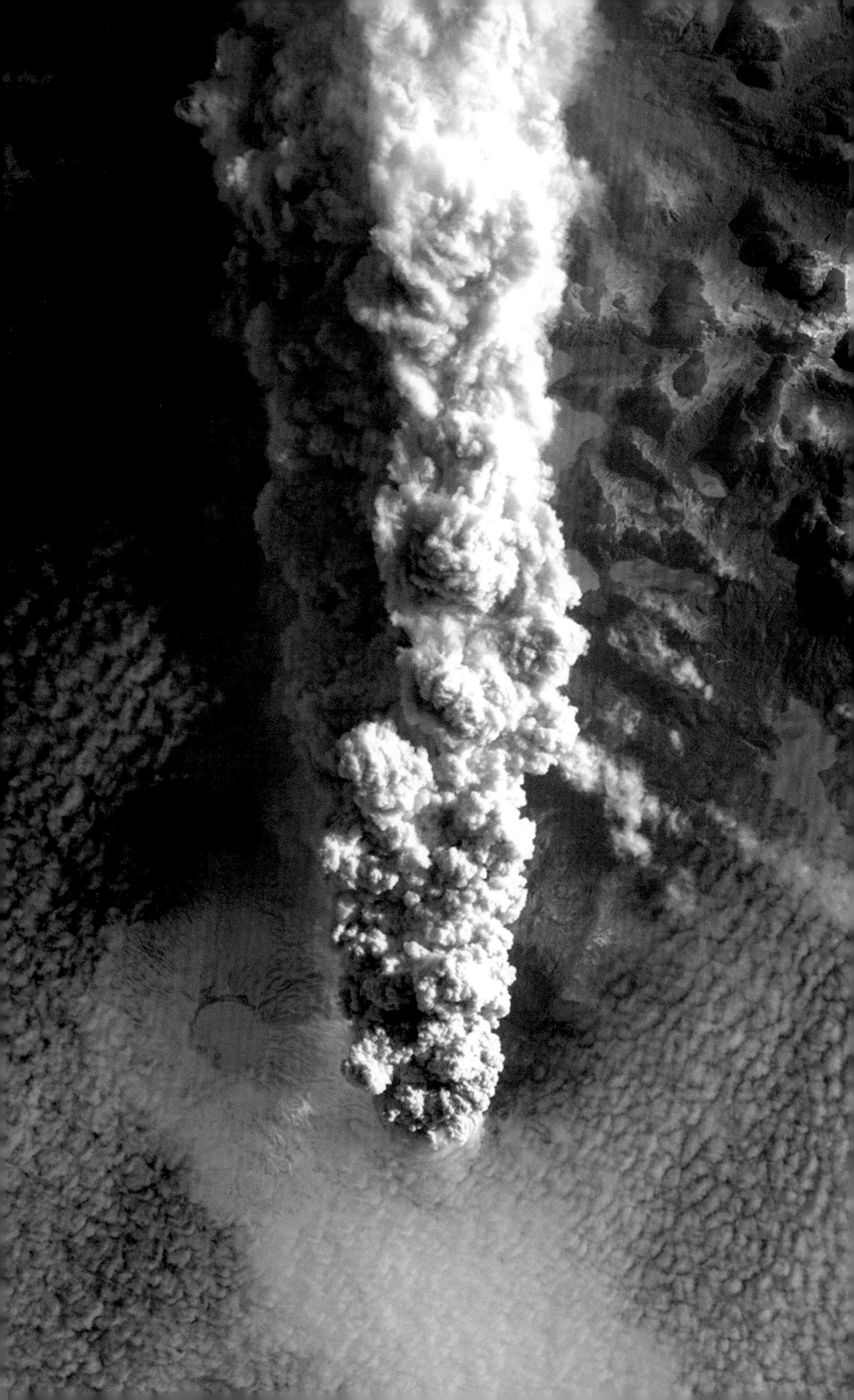

Avant-propos

Après chaque grand tremblement de terre, les mêmes questions reviennent, immanquablement. Pourquoi n'avait-on pas prévu une telle catastrophe ? Pourquoi autant de dégâts ? Et avec elles, que font nos scientifiques ? À l'ère des progrès technologiques toujours plus performants et de l'exigence toujours plus grande du risque zéro, le public a du mal à comprendre pourquoi l'on n'arrive toujours pas à prédire des phénomènes aussi destructeurs que les tremblements de terre. Des phénomènes susceptibles de libérer en quelques instants une énergie équivalente à plusieurs milliers de fois la bombe d'Hiroshima ! Et pourtant. Entre la recherche toujours en cours de signes avant-coureurs fiables et la prévision réussie, le chemin est encore long... Et le sujet complexe. Nous avons tenté de le rendre accessible à tous, à travers une lecture volontairement nomade, simple et attrayante, qui permettra à chacun de zoomer de façon sélective ou d'épuiser *in extenso* le contenu de l'ouvrage.

Après avoir exposé quelques notions élémentaires sur les séismes et tsunamis, le livre propose un état des lieux de la protection contre les risques sismiques et de la prédiction. Comme tout ce qui touche aux relations entre science et société, la prévision est un sujet extrêmement sensible, qui relève autant des sciences sociales que des sciences dites « dures ». Les aspects sociologiques et culturels, qui rendent si difficile la prévision, sont donc également évoqués.

Cette difficulté de prévision pose en effet de nombreuses questions auxquelles la communauté scientifique se doit de rendre compte.

Ces questions, ce sont en premier lieu celles du contribuable, qui s'inquiète à juste titre de savoir si les efforts des scientifiques, qui travaillent à ses frais, ne sont pas inutiles. Certes, si l'on n'arrive toujours pas à prédire la date, l'heure et le lieu des grands séismes, on sait en revanche comment déterminer les zones potentiellement menacées et on connaît les mesures à prendre pour limiter les dégâts provoqués par les tremblements de terre.

Ce sont aussi celles du citoyen, qui s'interroge sur la catastrophe d'Haïti ou de Fukushima. Que savaient vraiment les scientifiques ? Pouvait-on prévoir un tsunami d'une telle ampleur ? Un tel séisme peut-il se produire en France ?

Ce sont enfin celles du scientifique lui-même, qui se demande, comme tout un chacun, pourquoi on n'y arrive pas malgré les espoirs et les moyens mis en œuvre alors qu'on y arrive bien avec la météo ou les éruptions volcaniques. Les séismes seront-ils un jour prédictibles ? Et avec quoi ? Cette difficulté est-elle simplement due à l'état actuel de nos connaissances ou est-ce un domaine qui ne sera jamais prédictible ? Et si c'est le cas, quels sont alors les obstacles ? Les perspectives ?...

L'exercice de style requis par le parti-pris du question/réponse n'est pas facile. Il demande un véritable art de la vulgarisation que bon nombre de scientifiques pointus ont du mal à intégrer. Vulgariser, c'est aller à l'essentiel, accepter de laisser de côté bon nombre de connaissances qui paraissent toujours indispensables au sujet. Je remercie donc tout particulièrement Hélène, qui par sa plume de journaliste, m'a aidé et accompagné pour cette partition à quatre mains.

Que sont les séismes et tsunamis ?

1 Qu'est-ce qu'un séisme ?

Notre planète est recouverte de plaques qui se frottent et s'encastrent les unes dans les autres comme un puzzle. Ces plaques, loin d'être immobiles, bougent et avancent sous l'effet des grands flux générés par la chaleur à l'intérieur de la terre. Cette chaleur crée des courants de convection, qui modifient les propriétés des roches et les fait entrer en mouvement, en entraînant du même coup les plaques situées au-dessus. Au sein de cette grande marmite, certaines plaques s'écartent. D'autres se rapprochent et entrent en collision. D'autres encore, glissent l'une sur l'autre ou coulissent l'une à côté de l'autre. Quel que soit le cas de figure, c'est là, aux frontières de ces plaques, que se produisent la plupart des séismes.

Mises sous contrainte pendant des centaines, voire des milliers d'années, les roches finissent par atteindre un seuil de rupture

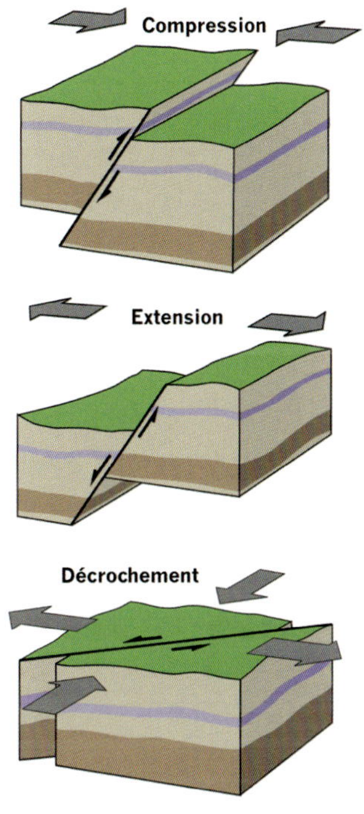

Les différents types de faille

mécanique au-delà duquel elles ne peuvent plus résister. Elles cassent alors en libérant brutalement toute l'énergie accumulée, à l'image d'un élastique tiré jusqu'à la rupture. Si la secousse est violente, la rupture atteint la surface et créé des bouleversements physiques dans le paysage. Ce sont les tremblements de terre tels qu'on les connaît. Dans le cas contraire – et ce sont les séismes les plus nombreux – la secousse reste confinée en profondeur et personne ne la ressentira.

2 Où se produisent les séismes ?

Les séismes ne sont pas du tout répartis au hasard. Certaines zones du globe sont en effet plus actives que d'autres. La Sibérie, l'Afrique de l'Ouest, l'Australie, et le Nord de l'Europe sont des régions considérées comme plutôt stables jusqu'à présent. D'autres vivent en alerte rouge permanente, comme les zones de collision Afrique-Eurasie et Inde-Eurasie, le pourtour du Pacifique, l'arc des Antilles, l'arc indonésien…
Si l'on regarde une carte, on s'aperçoit que ces zones sismiques dessinent sur la Terre des lignes relativement étroites correspondant exactement au découpage des plaques tectoniques. Ainsi, même si certains tremblements de terre dévastateurs peuvent se produire à l'intérieur des plaques, plus de 95 % des séismes se passent aux limites de ces plaques.

Carte des plaques tectoniques majeures

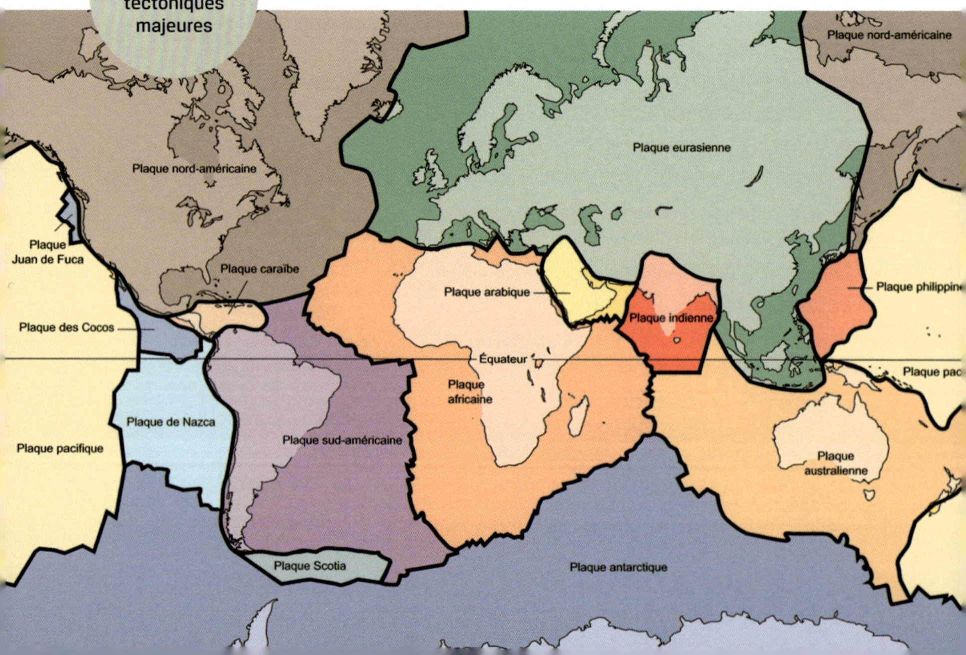

> Le lien entre séisme et faille n'a été vraiment formalisé que très tard, en 1906. Le 18 avril de cette année, la région de San Francisco aux États-Unis est dévastée par un tremblement de terre de magnitude estimée à 8 et la ville, entièrement détruite. La commission d'investigation dirigée par H.F. Reid pour étudier les faits, rapporte que le séisme a été provoqué par un glissement de 5 à 10 mètres selon les endroits, sur une portion longue de 400 kilomètres de la faille de San Andreas ! Cette relation de cause à effet faille-séisme marque une avancée décisive des connaissances. Reste à comprendre un autre lien essentiel. Celui de ces failles avec la tectonique des plaques, tout un contexte général…

Quel est le lien entre séisme et faille ?

Au total, c'est près d'un million de séismes qui secoue la Terre chaque année ! Évidemment, la plupart sont de tout petits séismes parfaitement imperceptibles. Cent mille d'entre eux sont de magnitude 3 et 4, et un à deux seulement dépassent la magnitude 8. Quant aux séismes géants de magnitude 9, il n'y en a eu que deux depuis le début du XXe siècle et probablement plus de 600 depuis la fin de la dernière période glaciaire, il y a 10 000 ans.

3 Les séismes sont-ils tous à la frontière de plaques ?

Non, pas forcément. Certains séismes se produisent à l'intérieur des plaques. Ce sont en général les plus difficiles à prédire sur le long terme et les plus dangereux en raison même de leur caractère singulier. Pour les scientifiques, de tels séismes restent des mystères. Comment se produisent-ils ? Selon quels mécanismes ? Un certain nombre d'hypothèses existent.

La première est liée à l'existence de failles cachées. L'histoire de la planète Terre est un éternel recommencement, les continents cassent, se disloquent, sont emportés par les tapis roulants formés par les plaques en mouvement, avant de se reformer. Or, il arrive parfois que ces continents se ressoudent à l'endroit même où ils ont cassé, comme une plaie qui se cicatrise. C'est là, dans ces anciennes zones de rupture (qui sont aussi des zones de fragilité) que se situent ces failles cachées. Reste que certaines sutures ne se réactiveront jamais. Et à l'inverse, certaines zones réactivées ne sont pas toutes d'anciennes sutures. Rien n'est jamais simple…

Plusieurs séismes relevant de cette hypothèse ont été identifiés. C'est le cas du séisme de magnitude 5.9 qui a frappé le

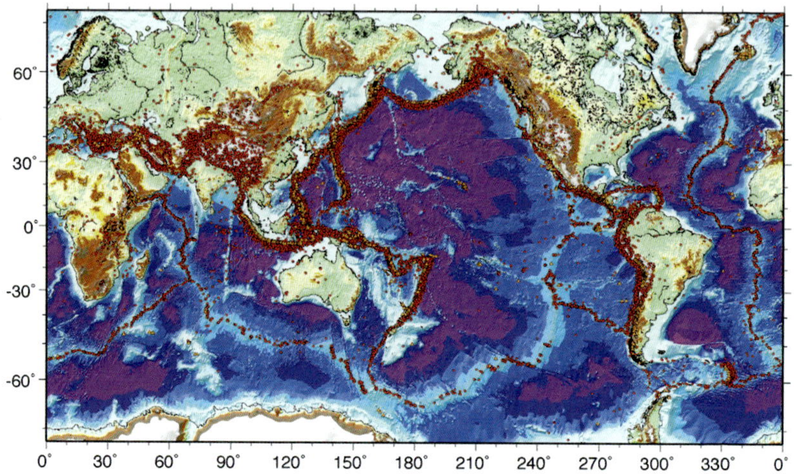

Carte de sismicité mondiale de 1973 à 2004

centre du Québec en 1988. Ou encore celui qui a eu lieu en août 2011 en Virginie à l'est des États-Unis, une zone au beau milieu de la plaque nord-américaine. Là encore, on pense à la réactivation d'anciennes failles inactives, ici liées à la chaîne de montagne des Appalaches. Plus proches de nous, le sud de la Bretagne ou la Vendée, par exemple, sont des zones sismiquement actives avec des séismes de magnitude 5, alors même qu'elles ne sont ni l'une ni l'autre en bordure de plaques ! La raison est simplement qu'il existe ici de nombreuses failles très anciennes qui sont réactivées régulièrement (la faille sud-armoricaine notamment) malgré les faibles contraintes. Tous ces paramètres complexes font qu'il est parfaitement imprudent d'affirmer qu'aucun séisme n'arrivera jamais dans ces régions que l'on considère actuellement comme stables.
Autre explication avancée pour certains séismes intra-plaques, l'existence de barrages qui, avec leurs alternances de niveaux pourraient, dans certains cas, modifier l'état de contraintes dans le sous-sol et déclencher un séisme.
Ces séismes, souvent mal compris, sont une véritable source d'angoisse pour les sismologues et les pouvoirs publics qui ne peuvent en aucun cas prévoir leur survenue. Outre les nombreux débats tournant autour de ce sujet, cette difficulté de prévision est aussi la porte ouverte aux prédictions les plus fantaisistes. En 1989, Iben Browning, un climatologue américain, sismologue autoproclamé, a créé un véritable vent de

> **New Madrid, l'archétype du séisme intraplaque**
>
> L'un des cas de séisme intra-plaque les plus connus est celui de New Madrid, une ville des États-Unis localisée dans la vallée du Mississippi à la frontière du Missouri, de l'Arkansas et du Tennessee. Le 16 décembre 1811, New Madrid, qui était alors l'un des plus grands ports fluviaux du Nouveau-Monde, est dévastée par deux tremblements de terre à quelques heures d'intervalle. Et ce n'est pas fini ! Un mois plus tard, le 23 janvier 1812, un troisième séisme vient une nouvelle fois frapper la ville. Un quatrième intervient encore le 7 février suivant.
>
> La notion de magnitude étant à l'époque encore inconnue, personne n'a été capable de quantifier ces séismes. Mais au vu des récits qui ont été faits, on sait aujourd'hui que ces quatre séismes ont été extrêmement violents. De magnitude estimée entre 7.2 à 8. Probablement parmi les séismes les plus destructeurs que les États-Unis (hors Alaska) aient jamais connus. Sous l'impact, des pans entiers de terrain se sont littéralement effondrés, de nouveaux lacs ont pris naissance et il semblerait même que des tronçons du Mississippi se soient, pendant un temps, écoulés en sens inverse. Certains écrits racontent également que les cloches des églises de Boston se seraient mises à tinter et que des trottoirs se seraient fissurés à Washington...

panique en annonçant l'imminence d'un prochain séisme à New Madrid *(voir encadré)* pour décembre 1990. En vain. Reste qu'avec un regain d'activité sismique depuis septembre 2010 et plus de 500 tremblements de terre enregistrés dans le centre de l'Arkansas, New Madrid est aujourd'hui une région plus que jamais sous haute surveillance.

4 Séismes en frontière ou à l'intérieur de plaques, qu'est-ce que ça change ?

Les uns, aux limites de plaques, sont attendus, les autres non. Ce qui les distingue, c'est en effet la capacité que l'on a de les prédire. Les limites de plaques sont aujourd'hui relativement bien répertoriées et la plupart des grandes failles majeures connues pour représenter un risque pour les populations sont – plus ou moins bien – instrumentées. Ce qui n'est évidemment pas le cas des failles intra-plaques actives qui ne seront identifiées comme telles, que lorsqu'un séisme aura révélé leur dangerosité. Faute de révélateur, personne ne « devinera » l'existence de ces failles dormantes et aucune investigation ne sera menée.

Toutes les zones de séismes ne sont pas pour autant aussi facilement classables entre « séismes aux limites de plaques » et « séismes intra-plaques ». Et toutes les limites de plaques ne sont pas des zones aussi franches que cela. Bon nombre d'entre elles sont en effet des régions où la sismicité est « diffuse », répartie sur de vastes étendues, si bien que la bande sismique à surveiller est plus large. C'est le cas de zones de collision continentale qui, à l'image du Tibet par exemple, s'étale sur une bande de plusieurs milliers de kilomètres de large, avec plusieurs fronts de déformation différents ! Même cas de figure dans le Bassin méditerranéen où la bande de déformation résultant de la collision entre l'Afrique et l'Eurasie, part de l'Atlas, recouvre les Aurès et la Sicile, les Apennins, les Alpes, les Balkans et l'Anatolie, jusqu'à l'Iran !... Autant dire une bande immense, presque impossible à surveiller, et pourtant en limite de plaques !

Pour estimer la probabilité d'occurrence d'un séisme, il faut en effet poser des balises de part et d'autre de chaque plaque pour calculer, à partir des informations transmises par GPS, la déformation du sol, et donc l'éventualité d'un futur séisme. Or, quand la zone de déformation est diffuse et que deux plaques se déplacent lentement l'une par rapport à l'autre, on ne peut pas parler de récurrence d'un séisme. Par exemple, si

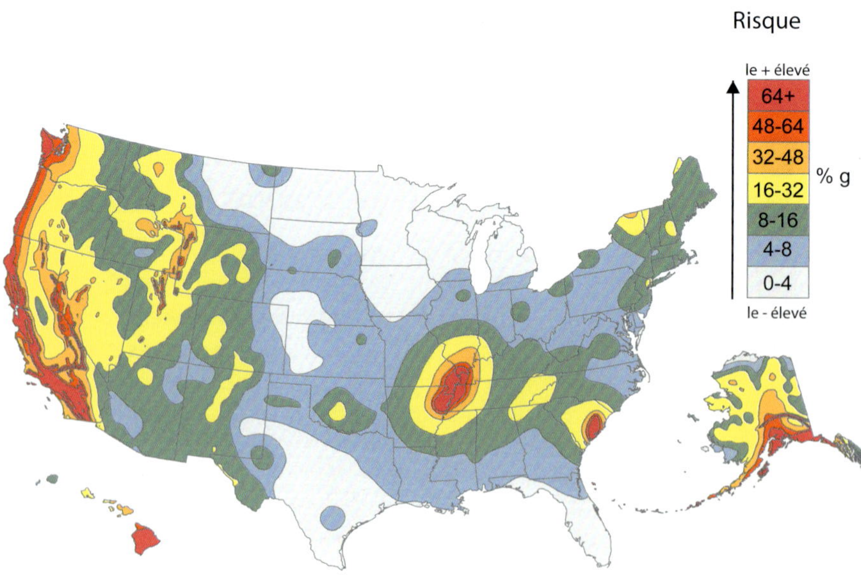

Carte de l'aléa sismique aux États-Unis

les plaques se déplacent à raison d'un millimètre par an, il faut attendre 3 000 ans pour avoir une déformation de 3 mètres, susceptible de produire un séisme important à cet endroit. Beaucoup trop long pour élaborer le moindre calendrier prévisionnel ! Et dans ce cas, impossible de se fier aux catalogues de sismicité historique, ces inventaires des séismes passés.

5 Les séismes sont-ils toujours suivis de répliques ?

Oui, pour la plupart des gros séismes. Et elles terrorisent les populations. Après le choc principal, on assiste souvent à une série de secousses dont le nombre va progressivement diminuer. L'explication est mécanique. Après le premier séisme, la croûte terrestre se réorganise, les choses reprennent leur place et les contraintes libérées par la rupture vont être transférées sur le segment voisin. Si ce segment casse à nouveau, la rupture génère une réplique et transfère à nouveau les contraintes sur un autre segment et ainsi de suite. Trois mois après le séisme turc qui a détruit la ville d'Izmit le 17 août 1999 et fait près de 20 000 victimes, un second séisme s'est produit dans la ville voisine de Duzce, ajoutant plusieurs milliers de victimes au bilan de la catastrophe.

Le séisme de magnitude 7.3 qui a touché El Asnam (Algérie) le 10 octobre 1980 a été suivi d'une réplique de magnitude 6.3 qui a achevé de détruire la ville

Ces répliques générées par ce grand remue-ménage sont le cauchemar des sauveteurs car elles peuvent intervenir plusieurs jours, voire plusieurs mois, après le séisme avec une magnitude presque aussi forte et des effets aussi meurtriers. Déjà fragilisés par la secousse principale, certains bâtiments vont finir de s'effondrer alors même que les secours sont toujours à l'œuvre. La seconde réplique de 7.1 qui a frappé Tangshan le 28 juillet 1976 quelques heures après le premier choc du matin a achevé d'alourdir le bilan, alors même que 80 % des personnes coincées sous les décombres étaient en train d'être évacuées.
C'est souvent grâce à ces répliques que l'on peut comprendre comment s'est produit le séisme initial. Étudiées, auscultées de près par les sismologues qui, bien souvent se sont précipités sur les lieux pour installer leurs instruments, elles sont une source essentielle d'enseignement.

6 Y a-t-il un lien entre séismes et volcans ?

Une chose est certaine, séismes et volcans sont les deux conséquences d'une même cause, l'activité interne du globe. Ceci explique qu'ils vont souvent de pair, aux frontières de plaques. Lorsqu'une plaque plonge sous une autre, ça frotte et la chaleur dégagée fait fondre les roches avoisinantes. Les roches fondues remontent alors jusqu'à la surface où elles donnent naissance à des volcans. C'est ainsi que les zones de subduction sont, la plupart du temps, associées à des volcans. C'est le cas de la « ceinture de feu » du Pacifique qui va des Kouriles au Japon, des Philippines à la Papouasie, des îles Tonga à la Nouvelle- Zélande, puis le long de la cordillère des Andes, du Chili jusqu'au Mexique, et enfin du nord des États-Unis jusqu'au Aléoutiennes. C'est aussi le cas aux Antilles, en Indonésie, en Sicile, en mer Egée, etc. D'autres volcans, en revanche, ne coïncident avec aucune frontière et se trouvent à l'intérieur des plaques. C'est ce qu'on appelle le volcanisme de « point chaud », comme à Hawaï ou à la Réunion.
Mais, y a-t-il pour autant interaction entre séisme et volcan ? Certains séismes peuvent être liés à l'activité volcanique. En remontant, le magma fracture la croûte terrestre et peut engendrer un tremblement de terre. À l'inverse, un violent tremblement de terre peut dans certains cas servir de détonateur à une éruption volcanique en contribuant à faire « sauter

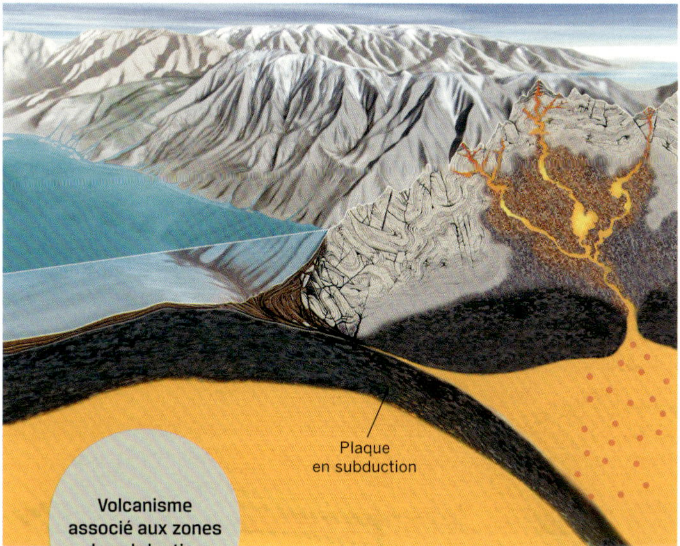

Volcanisme associé aux zones de subduction

Éruption du volcan Sarychev (îles Kouriles), juin 2009. Photo prise à partir de la station spatiale internationale le bouchon ». Lorsqu'à l'intérieur d'un volcan, la pression monte à la limite de la rupture des roches environnantes, un séisme peut en effet suffire à rompre cet équilibre instable et à déclencher une éruption. Les vibrations dues au passage des ondes sismiques, ou encore la déformation des zones proches du foyer sismique, peuvent modifier temporairement la pression à l'intérieur du système volcanique et changer les contraintes.

Bien sûr, ces incidences ne valent que si le séisme et le volcan sont relativement proches. Et si cette interaction a lieu, elle survient assez rapidement. Dans l'heure ou les quelques heures suivant le séisme. Dans d'autres cas, c'est l'incertitude qui prévaut. Les deux phénomènes étant à la fois fréquents mais irréguliers, il est difficile d'établir une corrélation systématique. Et les coïncidences peuvent relever du hasard.

7 Tous les séismes se ressemblent-ils ?

Non. Car ils diffèrent aussi bien par leur origine, naturelle ou artificielle, que par la profondeur à laquelle ils prennent naissance.

Les causes des séismes d'origine artificielle sont variées : affaissement brutal de cavités, infiltration de fluides dans le sous-sol profond. Les activités humaines comme les tirs de mines, l'exploitation pétrolière, les essais nucléaires souterrains ou la mise en eau des grands barrages peuvent, eux aussi, déclencher des séismes. Exceptés les tirs nucléaires souterrains, (dont les plus importants ont atteint la magnitude 6), les séismes artificiels sont généralement de magnitude faible ou modérée et dépassent rarement la magnitude 4. Une exception peut-être, le séisme de magnitude 6.2 qui a détruit la ville de Latur en Inde en 1993 et fait 20 000 morts serait, selon certains experts, lié à la présence d'un barrage. Une hypothèse qui n'a encore jamais été vérifiée.

Les séismes d'origine naturelle sont, eux, engendrés par la rupture des roches dans les zones de failles. Et peu de séismes se ressemblent car ils dépendent du type de failles par lesquelles ils ont été provoqués. Trois types de failles existent. Les premières s'appellent les failles normales. Dans ce cas, les deux compartiments de faille ont tendance à s'écarter l'un de l'autre. Les forces d'étirement qui en résultent créent un affaissement de la croûte terrestre, comme cela est observé dans les zones dites de rift, telles que par exemple le grand rift est-africain ou le fossé rhénan. Les secondes, dites « failles de chevauchement » se caractérisent par deux blocs qui sont poussés l'un vers l'autre par des forces de compression. Ces forces produisent alors un raccourcissement et une surrection de la croûte, comme sur le front himalayen. Le troisième type de failles regroupe les failles dites « décrochantes », qui s'accompagnent de déplacements horizontaux, un bloc coulissant par rapport à l'autre. Chaque type de faille engendre des mouvements différents et des dégâts différents, suivant que les mouvements sont cisaillants ou non. Mais c'est probablement la rupture des grandes failles décrochantes qui est la plus destructrice.

La profondeur du foyer est un autre facteur déterminant. Tous les séismes ne se produisent pas à la même profondeur et c'est cette différence qui explique souvent que certains soient plus meurtriers que d'autres. La majorité des séismes, dits superficiels, se produisent dans la partie cassante de la croûte terrestre à moins de 15 à 20 kilomètres de profondeur. Autant dire sous nos pieds ! Ce sont évidemment les plus redoutables. Les séismes intermédiaires surviennent entre 70 et 300 kilomètres et les séismes profonds au-delà de 300 kilomètres, certains pouvant même se produire jusqu'à 690 kilomètres sous terre dans certaines zones de subduction. Cette limite atteinte, plus aucun séisme ne se produit car les matériaux chauds ne sont plus suffisamment cassants.

8 Quel a été le plus fort séisme de tous les temps ?

C'est ce qu'on appelle un « monstre tellurique ». Le plus grand tremblement de terre jamais enregistré est le séisme de « Valdivia » de magnitude 9.5 qui a eu lieu au Chili le 22 mai 1960. Suivi d'un tsunami dévastateur, dont les effets destructeurs ont été ressentis dans tout le Pacifique (côtes d'Hawaï et du Japon). Il aura fait au total 5 700 morts au Chili et deux millions de personnes sans abri, 61 morts à Hawaï et 130 au Japon. Un bilan relativement faible qui s'explique par le caractère désertique de la zone touchée.

Précédé de quatre ou cinq séismes de magnitude 7 la veille et de nombreuses répliques le lendemain de magnitude équivalente, ce tremblement de terre est en réalité une série de trois séismes survenus entre les 21 et 22 mai 1960. En cause, une faille qui aurait rompu après 385 ans de blocage sur près de

L'île de Chiloé, au sud du Chili, après le séisme du 22 mai 1960 (M 9.5)

1 000 kilomètres et provoqué un déplacement des compartiments latéraux d'environ 80 mètres. Partie des côtes chiliennes, la vague soulevée par le séisme voyage sur 10 000 kilomètres jusqu'à Hawaï qu'elle atteint 15 heures plus tard. Vingt-deux heures plus tard, après avoir encore franchi 5 000 kilomètres, des vagues hautes de 6 à 10 mètres atteignent les îles Marquises, Samoa, puis le Japon, les Philippines et jusqu'à la Nouvelle-Zélande.

Sous l'impact, des villes entières sont détruites le long de la côte chilienne, des infrastructures portuaires sont emmenées à la mer, à Talcahuano plus au sud, des bateaux sont projetés en plein centre-ville et bon nombre de côtes du Chili resteront pour toujours modifiées. Suite au séisme, on constate que cinq départements chiliens se sont affaissés, leurs côtes étant désormais envahies à chaque marée haute. Cette dévastation va même jusqu'au Japon ! À Matsushima, le célèbre archipel japonais, certaines langues de terre, autrefois unies, ont été si violemment fracassées, qu'elles forment depuis des îlots séparés.

9 La Terre est-elle la seule planète à trembler ?

Et bien oui. Les sismomètres déposés par les astronautes américains lors du programme Apollo, entre 1969 et 1972, retransmettront à terre des données sur la sismicité lunaire, par ondes radio, jusqu'en 1977. Aucun des signaux enregistrés n'a les caractéristiques des séismes que nous connaissons ici bas. Aussi étonnant que cela paraisse, la Terre est la seule planète à connaître des événements sismiques. Tout simplement parce que la Terre est la seule planète qui connaisse le phénomène de tectonique des plaques, la fameuse « dérive des continents », avec cette structure interne si spécifique. Une lithosphère, très fine, constituée de plaques solides et autonomes, qui se déplacent les unes par rapport aux autres, flottent sur le manteau, s'éloignent, se rapprochent, entrent en collision ou plongent l'une sous l'autre. C'est cette géologie propre, qu'aucune autre planète ne possède, qui explique l'activité sismique de la Terre, la création de plissements et de montagnes qu'elles soient d'origine volcanique ou sismologique. Certes, la Lune, Mercure ou Mars ont aussi des montagnes. Sauf que ces effets physiques n'ont pas les mêmes causes géologiques. Ici, pas de tectonique des plaques mais aussi pas d'eau... Selon certains planétologues, c'est la présence d'eau massive dans le manteau terrestre qui, en le rendant visqueux, permettrait aux plaques de bouger et donc de vivre. Or, Vénus comme Mars, sont des planètes solides où l'eau est absente. Ainsi, les séismes nous rappellent que la Terre est vivante. Dévastateurs, ils sont sans doute aussi, paradoxalement, à l'origine de notre présence sur la planète bleue.

L'astronaute Buzz Aldrin devant le premier sismomètre posé sur la Lune, en juillet 1969

10 L'échelle de Richter, c'est quoi ?

C'est en 1935, qu'un sismologue américain, Charles Francis Richter, membre du California Institute of Technology, introduit pour la première fois la notion de « magnitude » et crée l'échelle dite de « Richter ». Une nouveauté pour l'époque où n'existe encore que la notion « d'intensité » pour quantifier un séisme !

L'idée du sismologue est de mesurer l'amplitude des vibrations sismiques et de définir une quantité intrinsèque au tremblement de terre, appelée magnitude, qui permettrait de comparer les énergies libérées par les différents séismes californiens. Cette magnitude serait calculée sur un sismographe de type Wood Anderson placé à 100 kilomètres de l'épicentre, suivant une échelle logarithmique, chaque degré correspondant à multiplier l'amplitude par 10 et l'énergie par 30.

Conçue pour les seuls tremblements de terre californiens, cette échelle logarithmique, valable pour des séismes proches des instruments et sous certaines conditions, s'avéra vite inadaptée aux grands séismes. Au-delà d'un certain seuil, les enregistrements saturaient ! Ce problème a été mis en évidence lors du tremblement de terre du Chili de 1960 dont la magnitude dépassait 9.0, ou encore lors du séisme de Sumatra en 2004.

Charles Francis Richter (1900-1985)

Aujourd'hui, les médias et le grand public continuent pourtant de parler « d'échelle de Richter » alors que cela fait des années que cette échelle n'est plus utilisée par les scientifiques. Depuis 1979, c'est l'échelle de magnitude dite de « Moment », inventée par les sismologues Kanamori et Hanks, qui sert de référence pour mesurer les séismes. Si on parle toujours de l'échelle de Richter, c'est sans doute aussi parce que Richter a fortement marqué les esprits. C'était un personnage aussi génial que fantasque. D'après une récente biographie, publiée par Suzan Hough, il aurait été atteint d'une forme d'autisme, connue sous le nom de « syndrome d'Asperger », dont la caractéristique la plus remarquée est celle des passions hors-normes, la personne atteinte pouvant devenir experte dans un domaine restreint. D'après Wikipedia, *« Certains chercheurs et des Asperger ont mis l'accent sur le fait de considérer le syndrome sous l'angle de la différence, plutôt que celle du handicap, qu'il faut traiter ou guérir. Les limitations handicapantes, socialement en particulier, étant en effet associées à une singularité, parfois à des compétences exceptionnelles*[3]. »

11 Qu'est-ce que la magnitude d'un séisme ?

La magnitude est une mesure de la quantité d'énergie libérée pendant un séisme. Plus la magnitude est élevée, plus le séisme a libéré d'énergie. Cette quantité va dépendre de trois facteurs. La taille de la zone de rupture, l'ampleur du glissement entre les deux blocs et la rigidité des roches.
L'échelle de magnitude est basée sur une relation logarithmique. Cela signifie que l'énergie libérée augmente exponentiellement avec la magnitude. À distance égale, l'amplitude des vibrations d'un séisme de magnitude 6 est dix fois plus élevée que celle d'un séisme de magnitude 5, et cent fois plus élevée que celle d'un séisme de magnitude 4. Ce qui veut dire encore qu'un séisme de magnitude 6 libère environ trente fois plus

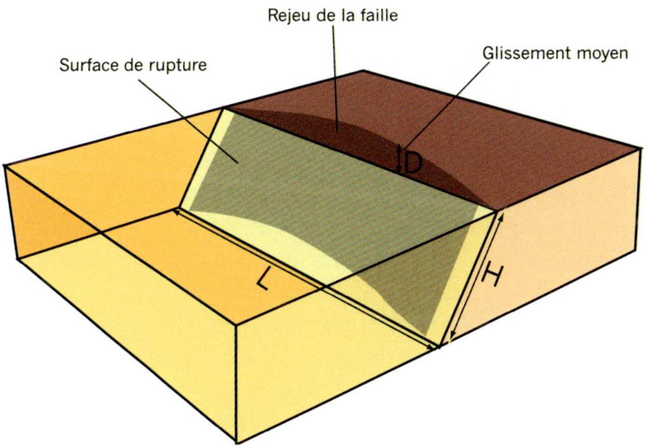

La magnitude dépend du moment sismique, une grandeur proportionnelle à la taille de la zone rompue

d'énergie qu'un séisme de magnitude 5, et environ neuf cent fois plus qu'un séisme de magnitude 4 ! Quand on sait qu'un séisme de magnitude 5, considéré comme « modéré » libère autant d'énergie que la bombe d'Hiroshima, cela laisse imaginer l'ampleur des séismes de magnitude supérieure. D'une façon générale, l'ampleur ressentie d'un séisme dépend de la profondeur de son foyer. Plus la cassure est superficielle, plus forte est la secousse ressentie en surface. Si l'on additionne forte magnitude et faible profondeur, on est dans le scénario catastrophe le plus destructeur.

Pour calculer la magnitude, on mesure l'amplitude des ondes enregistrées sur différents sismogrammes, en tenant compte de la distance entre l'appareil enregistreur et l'épicentre du séisme. La magnitude étant représentative du séisme lui-même, il n'y a donc qu'une valeur unique de magnitude quel que soit l'endroit où l'on se trouve et le ressenti qu'on en a. La magnitude est une donnée essentielle pour prendre une décision et commencer à organiser les secours. Elle est calculée de manière automatique, pour être transmise dans les meilleurs délais aux autorités. Mais les méthodes automatiques ont tendance à sous-estimer la magnitude des grands séismes. À Sumatra en 2004, les sismologues ont mis du temps à comprendre l'ampleur du phénomène, ce qui a retardé la diffusion de l'alerte. Quatre-vingts ans après Richter, l'estimation de la magnitude reste encore un vrai sujet de préoccupation pour les chercheurs !

12 C'est quoi la différence entre magnitude et intensité ?

L'intensité n'a rien à voir avec la magnitude. Et pourtant on les confond souvent. La notion d'intensité sert à évaluer les « effets » qu'a pu avoir un séisme sur les biens, les habitations et les êtres humains. En somme, quels sont les dégâts qu'il a causés. Ce n'est donc pas une valeur mesurable avec des instruments, mais une observation de la manière dont le séisme s'est traduit en surface et dont il a été perçu. Les objets sont-ils tombés autour de moi ? Ai-je pu rester allongé dans mon lit ou les secousses m'ont-elles jeté à terre ? Contrairement à la magnitude, l'intensité est une estimation essentiellement subjective dont le sismomètre s'appelle l'homme.

C'est également une valeur qui n'est pas uniquement fonction du séisme. L'intensité dépend des caractéristiques

Échelle d'intensité sismique dite MSK (Medvedev, Sponheuer et Karnik)

I	Secousse non ressentie, mais enregistrée par les instruments
II	Secousse partiellement ressentie, notamment par des personnes au repos et aux étages
III	Secousse faiblement ressentie, balancement des objets suspendus
IV	Secousse largement ressentie dans et hors des habitations, tremblement des objets
V	Secousse forte, réveil des dormeurs. Chute d'objets. Parfois légères fissures dans les plâtres
VI	Légers dommages, parfois fissures dans les murs, frayeur de nombreuses personnes
VII	Dégâts, larges lézardes dans les murs de nombreuses habitations
VIII	Dégâts massifs, les habitations les plus vulnérables sont détruites, presque toutes subissent des dégâts importants
IX	Destructions de nombreuses constructions. Quelquefois de bonne qualité. Chute de monuments et de colonnes
X	Destruction générale des constructions, même les moins vulnérables (non parasismiques)
XI	Catastrophe, toutes les constructions sont détruites (ponts, barrages, canalisations enterrées...)
XII	Changement de paysages, énormes crevasses dans le sol, vallées barrées, rivières déplacées

spécifiques du lieu qui ont pu contribuer à aggraver l'impact, comme l'effet de site, des bâtiments plus ou moins fragiles. Sans effet de site aggravant, l'intensité d'un séisme est en général maximale à l'épicentre et moindre avec la distance. Plus le sujet s'en trouve proche et plus l'intensité est forte. Plus il en est éloigné, plus les effets sont atténués.

C'est Mercalli, un sismologue et vulcanologue italien, qui a inventé en 1902 cette échelle de l'intensité graduée, basée sur l'étendue des dégâts observés et les différents stades de « ressenti ». Cette échelle, connue sous le nom d'échelle de Mercalli, (remplacée en 1931 par l'échelle de Mercalli

« modifiée ») est utilisée par les Américains. Les Européens, eux, utilisent plutôt l'échelle proposée par Medvedev, Sponheuer et Karnik (dite échelle MSK), qui comporte douze degrés allant de la perception nulle ou quasi-nulle jusqu'à la destruction la plus totale.

On le voit, il n'existe donc pas de véritable relation entre magnitude et intensité. Deux séismes de même magnitude peuvent donner en surface des intensités différentes. Inversement, deux séismes de même intensité peuvent avoir des magnitudes différentes.

Échelle de magnitude, échelle d'intensité. Pour distinguer les deux, les spécialistes écrivent la première en chiffres arabes et la seconde en chiffres romains.

13 Comment mesure-t-on les mouvements du sol ?

L'appareil, qui enregistre les ondes permettant de localiser les séismes et de calculer leur magnitude, s'appelle un sismographe. Les sismographes actuels, qui sont des instruments de très haute précision capables de détecter des mouvements extrêmement faibles de l'ordre de quelques microns par seconde, doivent en général être maintenus dans des conditions contrôlées, de température et de pression. Ils sont constitués, le plus souvent, d'une masse et d'un bâti lié au sol. Quand le système est soumis à une sollicitation sismique, la masse oscille suivant ses caractéristiques propres, tandis que le bâti reproduit le mouvement du sol. Aujourd'hui, la plupart des

Sismographe à cylindre enregistrant l'activité sismique

Des séismes et des idées

L'ancêtre de nos sismographes ne manquait pas d'idée. En 132 après J.C, l'inventeur chinois Chang Heng avait mis au point un procédé de mesure un peu particulier. C'était une jarre en porcelaine de deux mètres de diamètre avec huit ouvertures en forme de têtes de dragons.
Ces dragons étaient orientés suivant les points cardinaux et chacun avait une bille dans la gueule. À l'intérieur de la jarre, se trouvait un mécanisme (sans doute un pendule) qui, en oscillant lors d'une secousse sismique, ouvrait la gueule d'un dragon et libérait ainsi la bille qui tombait alors dans la bouche d'une grenouille. Ce système indiquait le sens de la secousse et donc... la direction de l'épicentre ! Simple et ingénieux.

sismographes sont électromagnétiques. Les mouvements du bâti, par rapport à l'aimant qui sert de masse, produisent des signaux qui vont être amplifiés par voie électronique et envoyés par satellite, ligne téléphonique, ou radio aux réseaux de surveillance sismique.
En cas de séismes, plusieurs séries d'ondes vont parvenir coup sur coup au sismographe. Les premières sont les ondes P dites ondes primaires. Ce sont les plus rapides. Celles qui suivent sont les ondes S ou ondes secondaires. Plus lentes, mais beaucoup plus violentes, ce sont elles qui créent le plus de dégâts. Arrivent enfin les ondes dites de surface, qui se propagent le long de la surface terrestre. La vitesse à laquelle ces ondes se déplacent dépend de la nature et du type de roches traversées mais elle varie généralement (pour les ondes P dans la croûte) de 3 km/s à 8 km/s. En connaissant la vitesse des ondes P et S et en mesurant la différence de temps entre l'arrivée de ces deux ondes, on peut calculer la distance D entre le sismographe et l'épicentre. Et donc, par triangulation avec plusieurs sismographes, le lieu du séisme.
À partir de ces données, les sismologues vont également pouvoir déterminer la magnitude du séisme. Pour cela, ils vont tenir compte du type de sismographe utilisé, de la distance entre le séisme et la station d'enregistrement, de la profondeur du séisme et de la nature du sous-sol où se trouve la station d'enregistrement. Toutes ces corrections vont permettent de dresser partout dans le monde la même carte d'identité du même séisme, avec son amplitude, sa localisation et sa magnitude. Et cela très rapidement. Quelques minutes seulement après un séisme majeur, et avant même d'en savoir plus sur ce qui s'est passé sur le terrain, les observatoires sismologiques

vont être capables de donner une magnitude (ou au moins une fourchette de magnitude). Cette rapidité de diagnostic est capitale car c'est elle qui va permettre d'évacuer très vite, surtout si un tsunami menace…

14 Comment sait-on que les plaques bougent ?

Près de quatre-vingts ans après le génial pressentiment d'Alfred Wegener, les méthodes de géodésie spatiale permettant de mesurer le déplacement des plaques tectoniques, en particulier par GPS (*Global Positioning System*), sont venues valider de façon spectaculaire la théorie de la dérive des continents.
Dès les années 1910, l'astronome et climatologue allemand avait en effet exposé cette théorie que beaucoup avait mise en doute, faute d'explications physiques cohérentes. Son hypothèse se basait sur des indices tels que la complémentarité des formes des continents, la similitude de la faune et de la flore de certaines régions, à présent séparées par un océan, la rupture de continuité des chaînes de montagnes anciennes entre l'Europe et l'Amérique du Nord. Mais rien n'était prouvé scientifiquement. Certes, la connaissance des fonds marins, au début des années 60, avait permis d'asseoir l'hypothèse en fournissant un certain nombre d'observations géophysiques. La plus flagrante était sans doute la découverte de l'existence de bandes dans le plancher océanique, marquées par un champ magnétique dirigé alternativement vers le nord et vers le sud. Des estimations de la vitesse de cette dérive des continents avaient pu être produites à partir de la datation de ces bandes et de leur largeur.

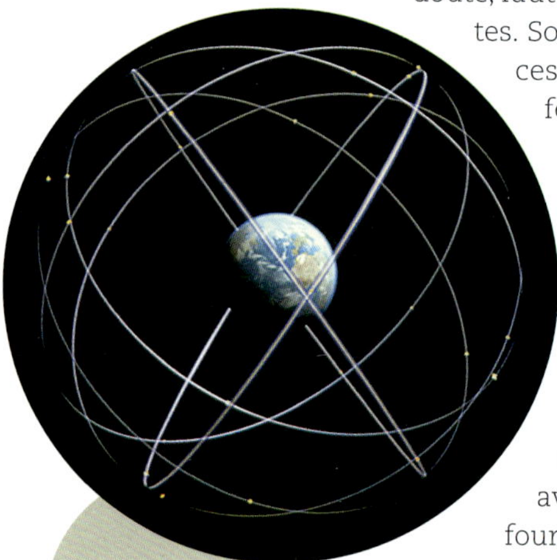

Constellation de satellites autour de la Terre, formant le système GPS

Mais c'est avec l'apparition des méthodes modernes que certaines évidences géologiques ont pu être démontrées. Pour la première fois, on était capable de détecter et de visionner le mouvement d'une plaque. Et ce, au millimètre près ! Un calcul effectué sur dix ans a montré que les plaques tectoniques se déplacent à des vitesses relativement constantes, de l'ordre de quelques centimètres par an. La plaque du Pacifique, par exemple, plonge sous la plaque australienne à une vitesse de l'ordre de 23 centimètres par an au niveau de la fosse des Tonga ! La plaque indo-australienne, quant à elle, s'enfonce sous la plaque des Philippines à raison de 5 centimètres par an. Les plaques eurasienne et africaine sont, en revanche, les plus lentes avec une vitesse de l'ordre de un à deux centimètres par an suivant l'endroit où l'on mesure le déplacement. Quand un séisme se produit, les plaques bougent alors brutalement. Lors du séisme japonais du 11 mars 2011, une station GPS a enregistré un déplacement relatif de 2,40 mètres qui a correspondu à un glissement de tout l'archipel nippon de la même ampleur.

15 Comment met-on le sol sur écoute ?

Pour « écouter » et détecter les mouvements du sol, la communauté scientifique dispose d'une batterie d'outils à terre, en mer et dans l'espace. Plusieurs milliers de stations d'enregistrement, réparties dans le monde entier, repèrent les moindres secousses de la Terre grâce à des sismomètres. Depuis les années 80, certains réseaux couvrent l'ensemble du globe, avec des stations équipées d'instruments numériques qui diffusent leurs informations en temps réel. Pour la sismologie, c'est le cas du réseau français *Géoscope* (43 stations), de l'américain *IRIS* (130 stations) et de bien d'autres encore. L'observation globale de la Terre est, elle, assurée par des stations GPS qui

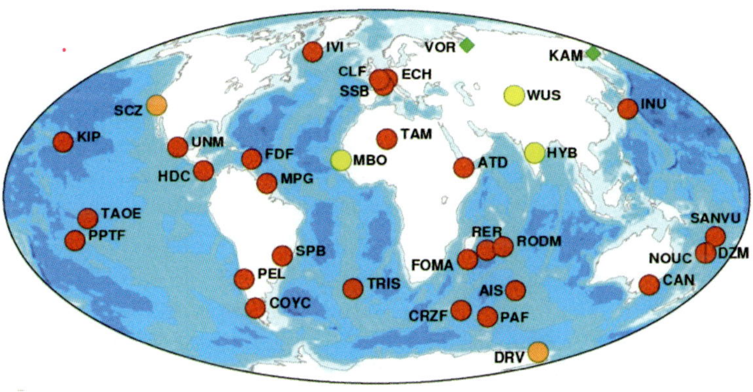

Le réseau sismologique global Géoscope

permettent de mesurer le déplacement des plaques ou par des satellites tels que *Spot* et *Landsat*. Grâce à ces espions du ciel, on peut avoir une vision des failles qui délimitent les plaques tectoniques, évaluer la déformation d'un paysage et comparer les mesures *avant/après*.

À côté de ces réseaux planétaires, il existe des réseaux locaux, à l'échelle régionale ou nationale. L'ensemble de ces moyens est évidemment fonction de chaque pays. Certains ont un maillage serré de stations sismiques, d'autres font figure de parents pauvres. La France est en bonne position. Son réseau *Resif* (Réseau sismologique et géodésique français) équipé de 220 stations de surveillance en France et dans les DOM-TOM est en développement constant. Sa fonction est de centraliser toutes les informations et d'en assurer le relais auprès du public et des médias.

À l'échelle du globe, le projet *GEOSS* (*Global Earth Observation System of Systems* créé en 2005) prévoit de développer un vaste réseau de partage d'informations sur l'activité sismique du globe et de lancer une trentaine de satellites dédiés à l'étude de l'environnement et des catastrophes naturelles.

16 Y a-t-il des valeurs minimales et maximales pour les séismes ?

Non pas vraiment, même si l'historique des séismes connus à ce jour se situe dans une fourchette définie. La magnitude n'est pas une échelle en degré mais une fonction continue, qui peut être négative ou positive et, en principe, sans limites. Et comme c'est une fonction logarithmique (quand l'amplitude du mouvement varie d'un facteur 10, la magnitude change, elle, d'une seule unité), cela marche dans les deux sens. Vers le haut et vers le bas !

Côté plus, il n'y a pas de magnitude maximale ! Et pourtant, certaines erreurs ont la vie dure... C'est le cas de cette expression toujours utilisée à tort par les médias de « séisme de 6 degrés sur l'échelle de Richter qui en compte 9... » Une aberration quand on sait que l'échelle de Richter est, par définition, une échelle ouverte et sans limites... Dans la pratique, les séismes de magnitude 9 restant exceptionnels, Richter n'a effectivement pas prévu de graduations de magnitude supérieure. Pour qu'il y ait un séisme de magnitude 11 par exemple, il faudrait que la zone de rupture s'étale sur à peu près 10 000 kilomètres. Or, il n'y a pas de rupture continue sur une

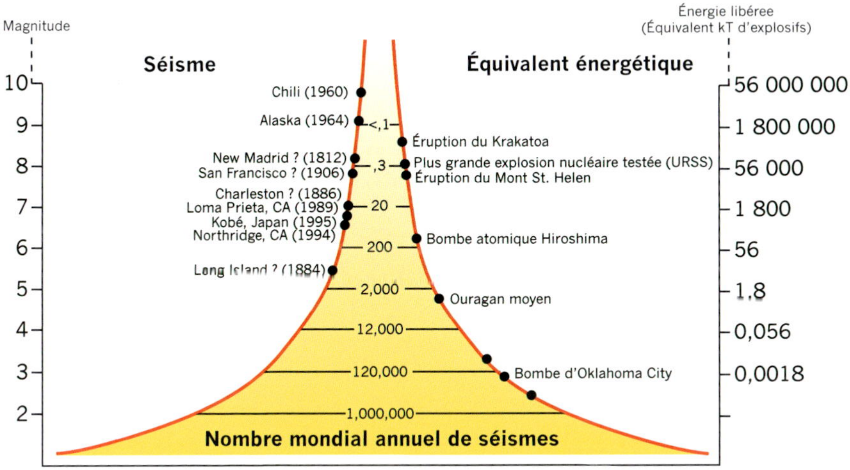

Équivalence entre magnitude et énergie élastique libérée par les séismes

distance pareille. Reste que des séismes de magnitude supérieure à 9 ont eu lieu et il n'y a aucune raison pour qu'un séisme plus puissant que celui du Chili en 1960 (avec la magnitude record de 9.5) ne se produise pas !

Côté moins, il n'existe pas non plus de valeurs minimales. On parle parfois de magnitude -1 ou même -3. Et bien non, ce n'est pas une faute de frappe ! En réalité, la valeur minimale est liée à la sensibilité du sismographe. Un sismographe très sensible peut enregistrer une magnitude de l'ordre de -2,

Top 5 des plus importants séismes enregistrés de l'Histoire

1- 1960 : Chili. Séisme de magnitude 9.5, suivi d'un tsunami dévastateur dans plusieurs pays bordant l'océan Pacifique qui fera 5 700 morts au Chili, 61 à Hawaï et 130 au Japon.

2- 1964 : Alaska, baie du Prince-William. Séisme de magnitude 9.2, suivi d'un tsunami qui a fait plus d'une centaine de morts.

3- 2004 : Sumatra. Séisme de magnitude 9.1 au large de l'île de Sumatra, suivi d'un tsunami qui a touché une dizaine de pays voisins et a fait plus de 230 000 morts ou disparus.

4- 1952 : Russie, Kamchatka. Séisme de magnitude 9.0 qui provoque un gigantesque tsunami, (heureusement dans des zones peu peuplées) ressenti jusqu'au Chili et au Pérou. Bilan, guère plus de 2 300 morts.

5- 2011 : Japon, Tohoku. Séisme de magnitude 9.0, suivi d'un tsunami particulièrement dévastateur. Bilan estimé à 23 500 morts, à 95 % victimes du tsunami.

équivalente à l'énergie dégagée par le « gargouillis » à l'intérieur du ventre de la roche, imperceptible par l'homme. Dans les galeries de mines, par exemple, on enregistre des petits craquements qui sont des petits séismes à part entière de magnitude -3. Et les expériences en laboratoire sur des petits échantillons de roches peuvent même enregistrer des magnitudes encore plus faibles.

17 Pourquoi l'intensité d'un tremblement de terre varie-t-elle en fonction du relief ?

Parce que les reliefs peuvent significativement amplifier les vibrations sismiques. Au même titre que la géologie, la topographie spécifique d'un lieu est un facteur qui peut induire un « effet de site ». Les falaises, les crêtes, les collines, les vallées glaciaires ou les rebords de plateaux sont des zones particulièrement vulnérables où les ondes peuvent être amplifiées significativement. Un exemple. En Provence, lors du fameux tremblement de terre de Lambesc en 1909, les bâtiments situés au sommet des hauteurs ont été beaucoup plus endommagés que les autres.

La ville de Mexico, partiellement détruite par le séisme du 19 septembre 1985, (à 350 km de l'épicentre)

Géologie et topographie peuvent également se conjuguer et amplifier la catastrophe. C'est ce qui s'est passé à Kobé, au Japon, lors du séisme de 1995, où la liquéfaction des matériaux sableux des îles artificielles construites dans le port a été responsable de la destruction totale des installations portuaires. Dans un milieu granulaire, peu consolidé, la pression de l'eau réduit la capacité des grains à s'accrocher les uns aux autres. Ils roulent alors, lors du passage des ondes de surface, et le milieu se comporte mécaniquement comme un liquide, venant aggraver d'autant les effets du séisme. La ville de Grenoble est, par exemple, typique de ce type de relief de plaines alluviales formées de sédiments riches en eau qui, en cas de séisme, risquent d'induire un effet de site particulièrement destructeur, comme ce fut le cas à Mexico en 1985.

18 L'homme peut-il provoquer un tremblement de terre ?

Oui, et nombreux sont les pays qui, dans l'Histoire, ont dû nourrir ce rêve de puissance… Les livres et films de science-fiction avec leur scénario de fin du monde sont là pour nous le rappeler. Faute d'y parvenir, les adeptes de la conspiration font régulièrement appel à la théorie du complot pour tenter de justifier certaines catastrophes naturelles. Tsunamis provoqués par des explosions sous-marines calculées, séismes déclenchés par des tirs militaires tenus savamment secrets ou des bombardements effectués à dessein…

Reste que certains tremblements de terre peuvent effectivement être liés à l'activité humaine. Affaissement brutal de puits de mine ou autres cavités, tirs de mine, pompage ou injection de fluides dans le sous-sol profond, exploration pétrolière, tirs nucléaires souterrains sont autant de causes de séismes provoqués par l'homme. La présence de retenue d'eau peut également, avec ses alternances de niveaux, modifier l'état des contraintes à l'intérieur des failles et déclencher un séisme. Le terrible séisme du Sichuan en Chine en mai 2008 par exemple, pourrait être lié, selon certains scientifiques, à la construction d'un des plus grands barrages de l'Histoire. L'hypothèse avancée, mais non prouvée, serait que le lac de retenue de ce

Cratère de 390 m de diamètre et 98 m de profondeur, laissé par une explosion nucléaire (104 kT), dans le désert du Nevada (juillet 1962)

nouvel ouvrage, qui a commencé à se remplir en 2004 pour contenir au final plus de 320 millions de tonnes d'eau, aurait finit par déstabiliser le sous-sol. Cette masse d'eau serait venue se concentrer à un endroit où la croûte terrestre était déjà fragilisée par une faille voisine. Les scientifiques ont calculé que la pression de cette eau aurait représenté l'équivalent de 25 ans de chargement naturel de contraintes. L'eau ayant de surcroît un effet de lubrifiant, elle aurait facilité le glissement des roches, le mouvement du sol et, *in fine*, la cassure de la faille. Cette hypothèse ne veut pas dire pour autant que le barrage a provoqué le séisme. Il aurait juste précipité son échéance. Même cas de figure pour le séisme de magnitude 6.2 qui a détruit la ville de Latur, en Inde en 1993, et fait près de 20 000 victimes.
Reste qu'en dehors de ces épisodes, c'est bien la nature seule qui semble régner en maître sur ces phénomènes.

19 Y a-t-il des saisons pour les séismes ?

Non, les séismes ne sont pas comme les orages et il n'y a pas de mois plus propices que d'autres aux colères telluriques. Cette question est souvent posée par le grand public après chaque grand tremblement de terre. Et les hommes ont toujours essayé d'y répondre. Pline l'Ancien, un des premiers géophysiciens de l'Histoire, mort en 79 après J.C. lors de l'éruption du Vésuve, tentait déjà, à sa façon, d'apporter des réponses. « *Je sais par ma propre expérience que les Alpes et l'Apennin ont plus d'une fois tremblé. Les tremblements, comme les foudres, sont plus fréquents en automne et au printemps. Aussi les Gaules et l'Égypte n'en éprouvent-elles pas, ici à cause de l'été, là à cause de l'hiver. Ils sont aussi plus fréquents, la nuit que le jour. Les plus violents tremblements se font le matin et le soir ; ils sont communs à l'approche du jour. On en ressent aussi dans la journée, vers midi. Ils se produisent pendant les éclipses de soleil et de lune, parce qu'alors les tempêtes s'assoupissent ; et ils se produisent surtout quand les pluies sont suivies de chaleur, ou les chaleurs de pluies.* »

Pline l'Ancien (23-79), écrivain latin, scientifique, naturaliste et militaire romain

La tentative d'explication est louable. Et pourtant ! Les mécanismes qui engendrent les séismes ne dépendent pas de l'écart de température entre les saisons, ni de la position de la Terre dans le système solaire à différentes périodes de l'année. Ils sont créés par des forces géologiques bien plus puissantes. Certes, la question a pu se poser. La distance entre la Terre et le Soleil variant au cours d'une année à cause de la forme elliptique de sa trajectoire terrestre autour du soleil, on a pu raisonnablement se demander si les forces d'attraction gravitationnelles entre ces deux astres pouvaient engendrer des tensions supplémentaires dans l'écorce terrestre. Résultat ? Des modélisations de ces contraintes ont montré que cet ajout n'était pas du tout significatif par rapport à l'ampleur des forces tectoniques.

L'action du froid n'a pas plus d'incidence. Quoique le froid ait des effets importants près de la surface, il n'a aucun effet en profondeur, là où se produisent les séismes. Les séismes qui prennent naissance en surface sont très rares. La plupart du temps, le foyer est situé à plusieurs kilomètres de profondeur là où les variations saisonnières de température de surface n'ont plus aucune influence.

De fortes pluies, ininterrompues pendant des semaines, peuvent créer des gonflements du sol, qui peuvent être interprétés comme des signaux avant-coureurs de séismes. À tort. Car, on ne connaît pas, jusqu'à présent, de cas documenté de séisme tellurique engendré par les précipitations. Ces mêmes précipitations importantes peuvent, en revanche, provoquer des petits séismes dans des puits de mines désaffectés ou des glissements de terrain, un phénomène relativement fréquent dans les *favelas* de Manille ou d'ailleurs.

20 Y a-t-il plus de séismes qu'avant ?

Non, même si l'on tend à croire le contraire. Il existe en revanche des périodes d'activité plus ou moins denses et continues. Et certaines périodes, au cours du XXe siècle par exemple, ont été particulièrement concentrées en très grands séismes. C'est le cas de la décennie qui a précédé les évènements du Chili (1960) et d'Alaska (1964), au cours de laquelle se sont produits les méga-séismes du Kamchatka en 1952 et des Aléoutiennes en 1957. Après 1964, la planète semble avoir connu une période de répit de 39 ans en matière de méga-séismes, jusqu'aux événements de Sumatra (2004) et du Japon (2011). Pourquoi ?

Difficile de le dire. Et on manque de recul pour savoir si de telles fluctuations sont significatives ou non.
Une autre raison peut expliquer pourquoi on a l'impression qu'il y a actuellement plus de séismes qu'avant. Un séisme est toujours suivi de répliques, d'autant plus nombreuses et fortes que la magnitude du choc principal est élevée. Et ces répliques peuvent se produire pendant plusieurs années. C'est ainsi que le grand séisme de Sumatra du 26 décembre 2004 a provoqué trois mois plus tard, le 28 mars 2005, un séisme de magnitude 8.7, avec la rupture sur plus de 800 kilomètres du segment avoisinant. Mais, en réalité, c'était toujours la même séquence qui se poursuivait.
L'autre explication est sociologique. Les tsunamis géants de Sumatra en 2004 et du Japon en 2011, ont créé des dégâts majeurs et dramatiquement frappé l'opinion mondiale. Alors que les tsunamis sont des phénomènes courants (le centre d'alerte aux tsunamis du Pacifique déclenche environ une alerte tous les deux ans), l'opinion a soudainement pris conscience du phénomène avec d'autant plus de force qu'il n'y avait pas eu de tsunami de cette ampleur depuis 1964. Par ailleurs, la couverture médiatique étant désormais planétaire, les informations, les images chocs ne cessent d'affluer, souvent sans filtre. Parler aujourd'hui d'un séisme modéré (de magnitude inférieure à 6.5) dans telle ou telle partie du globe est, la plupart du temps, un non-événement. C'est la médiatisation excessive (et souvent inopportune) de ces accidents naturels qui contribue au sentiment d'accélération de leur fréquence.

21 Y a-t-il un rapport entre séisme et changement climatique?

Non, si l'on se réfère au changement climatique de ces trente dernières années. En revanche, si l'on se réfère à celui des vingt derniers millénaires, la réponse est plus complexe. La Terre est, depuis toujours, soumise à des variations climatiques naturelles, cycliques, résultant des changements réguliers d'inclinaison de son axe de rotation. Il y a environ 20 000 ans, tout l'hémisphère nord était recouvert de glace et l'épaisseur de la calotte était de l'ordre de 3 kilomètres à la latitude de New York. Puis, la couverture a commencé à fondre pour se stabiliser il y a environ 6 000 ans et rester ce qu'elle est aujourd'hui. En fondant, cette calotte glaciaire a provoqué un allègement de la charge pesant sur les masses continentales, qui a entraîné une

Éboulis dans la région du Diois, dans la Drôme, vraisemblablement liés à des aléas climatiques survenus il y a 10 000 ans

remontée de ces masses, par effet de rebond élastique. Or, ces mouvements verticaux peuvent engendrer des séismes. Certains d'entre eux sont restés célèbres, comme celui du 18 novembre 1929 au large de Terre-Neuve que l'on a coutume d'attribuer à ce type d'effet, sans véritablement de preuve définitive. La violence a été telle qu'elle a déclenché des glissements géants et la rupture de câbles téléphoniques sous-marins de télécommunications, quelques semaines après le krach d'octobre. Ces phénomènes n'ont rien à voir avec la déglaciation que l'on observe ces dernières années. Le rebond élastique initié il y a environ 10 000 ans a atteint par endroits une amplitude de l'ordre de 200 mètres en 4 000 ans. Tandis que le réchauffement climatique récent pourrait engendrer une montée des eaux de l'ordre de 3 millimètres par an, accompagnée d'un mouvement vertical des masses continentales d'à peine quelques millimètres sur les quinze dernières années. Beaucoup trop peu pour engendrer des séismes. Si les aléas sismiques ne peuvent pas engendrer directement des séismes, ils peuvent en revanche causer des éboulis ou des glissements.

22 Qu'est-ce qu'un tsunami ?

Un tsunami (de « nami » – onde – et « tsu » – port –, qui veut dire « onde dans un port » en japonais) est un phénomène souvent destructeur, généré par un mouvement brutal de la masse d'eau, dû à un séisme sous-marin, une éruption volcanique, un glissement de terrain, etc.

La plupart des grands tsunamis sont déclenchés par des séismes de « subduction ». Ces séismes provoquent un brutal décalage du plancher océanique, comme si se créait tout à coup une « marche d'escalier ». L'effondrement ou le soulèvement de ce plancher va engendrer un creux ou un bombement de la surface de l'océan et créer une vague qui va progressivement s'amplifier à l'approche des côtes. L'un des plus célèbres de l'Histoire est celui qui s'est produit au large du Portugal en 1755. Les secousses liées au séisme lui-même et les vagues de 5 mètres de haut qui se sont abattues sur Lisbonne ont fait 60 000 victimes soit un quart de la population de la ville.
Le scénario est toujours le même. Le soulèvement ou l'affaissement brutal du fond marin engendre une mise en mouvement de la masse d'eau. Ce mouvement donne lieu à une vague qui, au début, est à peine perceptible, de quelques centimètres à moins un mètre d'amplitude en général, une vague de très grande longueur d'onde qu'aucun bateau ne peut même détecter. Et pourtant sa vitesse est déjà proprement colossale. Mesurée au milieu de l'océan, elle peut dépasser 870 km/h, la vitesse d'un avion de ligne ! Au fur et à mesure que la vague s'approche du littoral, la profondeur de l'océan diminue, l'onde ralentit (jusqu'à quelques dizaines à peine de kilomètres par heure) et comme l'énergie se conserve, sa hauteur du même coup augmente. C'est l'effet du « croche-pied ». Cela génère alors un véritable

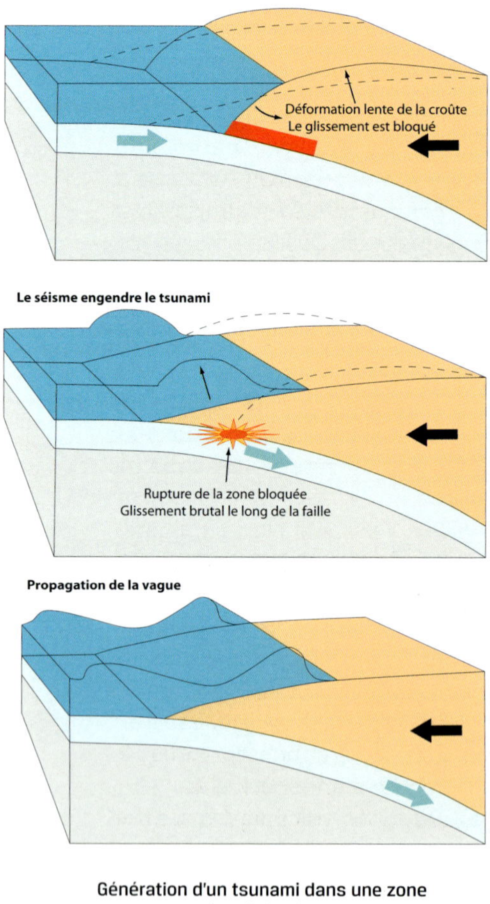

Génération d'un tsunami dans une zone de subduction

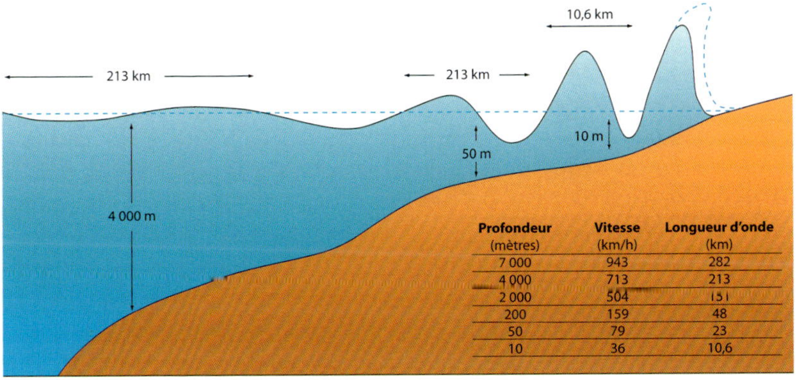

Profondeur (mètres)	Vitesse (km/h)	Longueur d'onde (km)
7 000	943	282
4 000	713	213
2 000	504	151
200	159	48
50	79	23
10	36	10,6

La hauteur de la vague augmente à l'approche des côtes, lorsque le fond de la mer remonte

« mur » d'eau qui peut atteindre plusieurs dizaines de mètres de haut.

La géométrie de la côte et du littoral est ensuite déterminante. Les récifs, les baies, les embouchures de rivières, les reliefs sous-marins et les pentes de la plage sont autant de paramètres qui vont modifier l'ampleur du tsunami à l'approche de la côte et créer dans certains cas un effet d'amplification. Suivant l'endroit où l'on se trouve par rapport à l'épicentre, il peut se produire un retrait important de la mer (qui intrigue et attire les curieux) suivi de la vague elle-même, qui elle aussi peut être suivie d'un second retrait, puis d'une autre vague, et ainsi de suite. Les plus grands tsunamis connus ont atteint une hauteur supérieure à 30 mètres et celui du 11 mars 2011 au Japon s'est propagé selon les endroits sur plus de 10 kilomètres à l'intérieur des terres !

23 Un volcan ou une météorite peuvent-ils engendrer un tsunami ?

Si la plupart des tsunamis sont issus de séismes sous-marins, d'autres causes existent. C'est le cas des tsunamis provoqués par des activités humaines comme les tirs d'essais nucléaires, ou des évènements naturels comme les éruptions volcaniques, les glissements de terrain ou la chute d'une météorite.

Les tsunamis causés par des éruptions volcaniques sont en général plus faibles que les tsunamis d'origine sismique et leurs effets, plus localisés. Il existe néanmoins des exceptions notoires. D'après certains investigateurs, les deux tsunamis les plus puissants de l'Histoire auraient été déclenchés par les éruptions de deux volcans insulaires de type explosif, le Santorin en 1600 av. J.C. et le Krakatoa en 1883. L'explosion du Krakatoa, le 27 août 1883, que l'on a entendue jusqu'à plus de 4 000 kilomètres, a provoqué une vague haute de 46 mètres à Merak, dans le détroit de la Sonde, qui a fait le tour de la Terre.

L'effondrement d'un volcan actif situé en bord de mer, peut aussi engendrer un tsunami. L'avalanche brutale de débris volcaniques qui se déversent dans la mer, déplace alors la masse d'eau et provoque une onde de très grande énergie, qui engendre un tsunami. C'est ce qui s'est passé le 30 décembre 2002 lors d'une éruption du Stromboli. Un bloc, brutalement tombé en mer, a provoqué un raz-de-marée de plusieurs mètres de haut et la destruction de maisons heureusement inhabitées près du rivage. Un tel phénomène en plein été aurait pu avoir des conséquences dramatiques.

D'autres causes sont encore responsables de tsunamis. C'est le cas des glissements de terrains, en particulier ceux qui sont déclenchés par l'écroulement des flancs de canyons sous-marins. Ce phénomène est particulièrement fréquent sur la côte ouest des États-Unis. Le séisme de 1964 en Alaska baptisé *Good Friday*, par exemple, a généré au moins vingt glissements de terrain et autant de tsunamis. Le mini-tsunami qui a affecté l'aéroport de Nice en 1979 a lui aussi été vraisemblablement causé par un glissement de terrain le long d'un canyon sous-marin.

Dernière cause enfin de certains tsunamis, la chute d'une météorite dans l'océan. C'est peut-être ce qui s'est passé il y a 2 300 ans, juste à côté de Long Island, lorsqu'un énorme tsunami a littéralement dévasté la région de New York. Cela reste encore à prouver.

Le réveil du volcan El Hierro, entre juillet et décembre 2011, a fait planer de lourdes menaces sur les Canaries

L'événement s'est produit le 9 juillet 1958 en Alaska. Un séisme d'une magnitude 8.3 le long de la faille Fairweather, à quelque 20 kilomètres de Lituya Bay, a provoqué un glissement de terrain de plus de 30 millions de mètres cubes de roche tombés dans l'eau depuis une hauteur de 900 mètres.
Ces circonstances exceptionnelles ont déclenché **la plus importante vague jamais enregistrée au monde. Plus de 500 mètres de haut !** La vague aurait pu submerger l'Empire State Building de New York ! Plusieurs vagues secondaires ont dépassé 200 mètres de haut. Par chance, les effets ont été locaux, confinés à la baie elle-même, dans une région inhabitée et particulièrement inhospitalière.

La plus grande vague de l'Histoire

Lituya Bay après le gigantesque « splash » du 9 juillet 1958

24 Quelle différence entre tsunami et raz-de-marée ?

Pendant longtemps, le terme « raz-de-marée » a été utilisé pour décrire tous les phénomènes qui s'accompagnent d'une vague déferlant à l'intérieur des terres, tsunamis inclus. Aujourd'hui, on fait la distinction entre les tsunamis, liés à des causes géologiques (tremblements de terre, glissements de terrain, éruption volcanique), et les raz-de-marée, dont la définition désormais se limite *stricto sensu* aux évènements liés à des causes météorologiques, grosses vagues ou ondes de tempête. Ce dernier terme, « onde de tempête », a lui-même tendance à être de plus en plus utilisé, alors que le mot « raz-de-marée », jugé trop imprécis, tombe en désuétude. L'inondation de 2010 due à la tempête *Xynthia* en Charente-Maritime a parfois été décrite comme un raz-de-marée. En réalité, il s'agissait d'une onde de tempête. Même cas de figure concernant les dramatiques inondations qui ont submergé les Pays-Bas en 1953. Là encore, il s'agissait bien d'ondes de tempête.

Le rivage de Kalutara (Sri Lanka) avant le tsunami du 26 décembre 2004 (haut) ; à l'amorce du reflux (milieu) ; et en fin de reflux de la première vague du tsunami (bas)

Les marées de tempête, associées aux cyclones, peuvent, elles aussi, provoquer des vagues d'une hauteur supérieure à 10 mètres dans les zones de basse terre, où la mer reste peu profonde sur des kilomètres au large et où aucun obstacle n'existe sur le rivage pour arrêter leur progression. Parmi les exemples les plus dramatiques, on citera le cas du Pakistan oriental. En 1970, un typhon d'une rare violence a provoqué une brusque montée des eaux, qui a emporté près d'un demi-million de personnes et consacré du même coup la sécession de la province et la création de l'État du Bangladesh, en 1971. Plus récemment, en août 2005, l'ouragan *Katrina* a engendré une marée de tempête de plus de 10 mètres de haut, un raz-de-marée qui a inondé la baie de Saint-Louis.

25 Y a-t-il un rapport entre tsunami et changement climatique ?

Non, aucun. On a pu lire ça et là que les tsunamis récents de 2004 à Sumatra et en 2011 au Japon, pouvaient être dus au changement climatique. De telles affirmations n'ont aucun fondement.

Si l'on remonte à l'époque des dernières glaciations, on peut toutefois se poser la question. Des géologues marins ont en effet découvert que des glissements géants, intervenus au cours des dix derniers milliers d'années, avaient entraîné avec eux des quantités de sédiments, du haut du plateau continental jusqu'aux abysses. Ces glissements peuvent avoir un lien indirect avec le cycle glaciaire. En se combinant à l'eau de mer, les sédiments marins riches en méthane peuvent en effet, sous certaines conditions, former des cristaux qui se retrouvent piégés dans les interstices sous la forme « d'hydrates de gaz ». Lors des dernières déglaciations, ces hydrates se seraient dissociés sous l'effet du réchauffement des eaux de fond, ce qui aurait eu pour effet de déstabiliser les pentes, d'entraîner des glissements dont on trouve la trace, notamment en Norvège, et par là même, des tsunamis géants. Reste que le réchauffement que la Terre a connu lors de la dernière déglaciation n'a rien à voir avec ce qui pourrait se passer aujourd'hui, même dans les scénarios les plus alarmistes !

Quand un échantillon d'hydrate de gaz arrive à la surface, il se décompose en brûlant

26 Y a-t-il un rapport avec les vagues scélérates ?

Non. Les vagues scélérates n'ont rien à voir avec les tsunamis. Ni dans leur origine ni dans leur comportement. Une vague scélérate est une sorte de mur d'eau gigantesque qui se dresse subitement sur la mer. Un monstre des mers qui a fait couler des navires et des plate-formes de forage, hanté les esprits et terrorisé les marins pendant plus de 2 000 ans. Dumont d'Urville lui-même a rapporté avoir rencontré de telles vagues dans les mers du Sud. Et en février 1993, un tanker de 146 mètres de long de l'armée américaine qui se rendait des Philippines à San Diego a subitement vu déferler sur lui une vague de 34 mètres de haut. Une des plus hautes jamais rapportée. Après avoir longtemps considéré le phénomène comme des affabulations de marins, les géophysiciens ont pourtant dû revoir leur copie. En 1995, les capteurs de houle de la plate-forme pétrolière *Draupner*, située en mer du Nord à 160 kilomètres des côtes ont bel et bien prouvé que les marins ne mentaient pas. La vague enregistrée faisait 26 mètres de haut !

En fait, plus qu'une hauteur définie, une vague devient « scélérate » si elle fait deux à trois fois la taille des vagues qui l'entourent. En plus du critère de taille, les vagues scélérates diffèrent aussi des autres vagues par leur forme presque verticale. Les vagues classiques ont des crêtes plus effilées et des creux plus arrondis. Les crêtes des vagues scélérates sont souvent décrites comme des montagnes d'eau et leur creux comme de véritables trous dans l'océan. Là où un tsunami va emporter le bateau comme dans un ascenseur, brutalement hissé d'un étage très bas à un étage très haut, la vague scélérate, elle, va le briser net. Le navire plonge alors dans le creux et se plante dans le front ou est rattrapé par la vague qui le remplit, avant même que la poupe ait pu s'élever. Quant aux

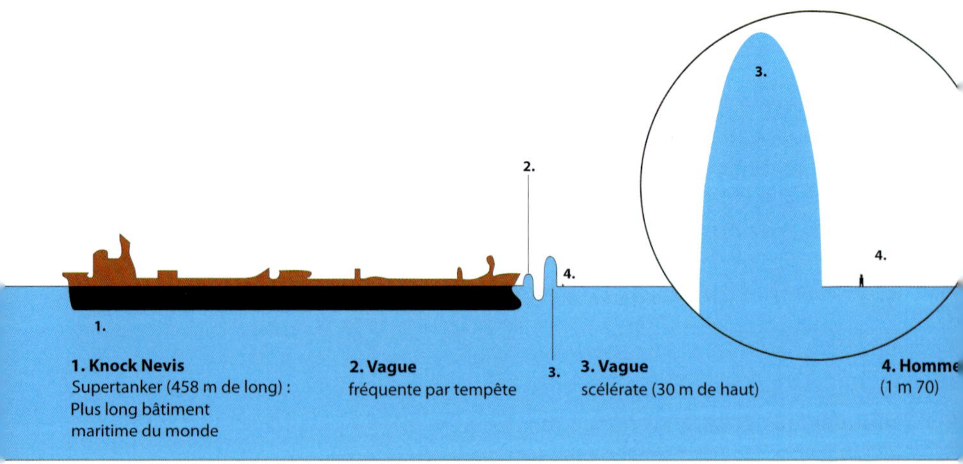

Schéma de proportion des vagues scélérates

Michel Olagnon, l'un des plus grands spécialistes des vagues scélérates en France, rappelle un événement qui a défrayé la chronique en février 1963. La *Jeanne d'Arc*, un croiseur de la Marine française avait essuyé trois vagues gigantesques dans le Pacifique, plus de 20 mètres d'amplitude dans une mer qui culminait à 7 ou 8 mètres.
Deux jours plus tard, le commandant en second consigna les faits par écrit, et conclut : « *Il est certain que la manière la plus sûre d'éviter les « événements de mer » consiste à ne jamais quitter la terre ferme...*»

Le flegme marin...

navires qui la prennent de plein fouet, ils peuvent alors subir une pression jusqu'à 100 tonnes par mètre carré là où une vague « normale » de tempête dépasse rarement les 6 tonnes par mètre carré.

Ce phénomène, relativement rare, est encore mal connu et difficile à évaluer scientifiquement. Car, en dépit des modèles informatiques et de multiples essais en bassin artificiel, la cause de ces vagues reste mystérieuse. Comment se forment-elles ? Par quoi sont-elles provoquées ? Difficile de le dire. Et puis, comment étudier un phénomène qui, en un endroit donné, ne se forme qu'une fois tous les 10 000 ans ?

Si ces vagues résultent d'un séisme en mer, pourquoi atteignent-elles tout de suite ces hauteurs alors qu'un tsunami, à peine perceptible à ses débuts, ne gonflera qu'à l'approche des côtes ? L'hypothèse du séisme comme cause paraît donc peu vraisemblable.

L'argument météorologique a été également étudié. Certes, si ces vagues sont plus fréquemment rencontrées pendant les orages ou le mauvais temps, elles peuvent aussi apparaître par temps calme. Il y a quelques années, une vedette a ainsi sombré au large de la Californie, sans faire de victimes. Il y avait peu de vent et une petite houle de moins de 2 mètres quand une vague de plus de 4 mètres a surgi brusquement et englouti le navire de 16 mètres.

Certains scientifiques mettent aussi en cause le rôle des courants qui s'opposeraient aux vagues poussées par le vent. Il se produirait alors une sorte d'embouteillage et une vague géante pourrait se former dans ce contexte. Une autre explication tiendrait encore à l'effet d'auto-concentration. Dans un groupe de vagues, les plus petites, plus lentes que les autres, pourraient venir s'entasser sur une vague plus rapide. La vague principale avalant d'autres petites vagues, celle-ci verrait sa hauteur s'additionner par conjugaison des phases et des amplitudes.

D'autres facteurs peuvent encore jouer. Une mer plus cambrée que la normale, un vent plus fort que d'habitude et, éventuellement, la fusion de deux tempêtes. Un paramètre semble récurrent. Bon nombre de ces vagues scélérates ont été observées par 150 à 200 mètres de fond, quand le plancher océanique commence à remonter. C'est, par exemple, le cas du golfe de Gascogne, une zone redoutée des marins.

Alors, où en est-on aujourd'hui ? Les plus récentes recherches ont permis de valider une théorie énoncée en 1983 par le mathématicien anglais Howell Peregrine. Les expériences ont démontré l'existence d'ondes solitaires non linéaires qui disparaîtraient aussi rapidement qu'elles étaient apparues. L'expérience a fait l'objet d'une publication dans la revue *Nature Physics* en août 2010. Signe particulier, les chercheurs ont travaillé avec de la lumière, plus facile à étudier que l'eau pour le contrôle des paramètres, la forme de l'onde, la durée, etc. Grâce aux lois d'échelle, une impulsion laser d'un millième de milliardième de seconde correspond, dans l'eau, à une « vague ». Résultat ? Les études viennent plutôt corroborer la théorie de l'accumulation de vaguelettes qui, subitement, mettraient en commun leur énergie pour donner naissance à une onde aussi furtive et localisée que gigantesque. C'est en tous cas ce que les chercheurs auraient observé avec de la lumière injectée dans une fibre optique. Une démonstration spectaculaire de phénomènes physiques dit « non linéaires », pour lesquels 1+1 peut faire 10, par une sorte d'effet boule de neige. La balle quitte maintenant le camp des hydrodynamiciens pour arriver dans celui des mesureurs et des statisticiens afin de savoir si les conditions identifiées en théorie se trouvent vraiment dans la nature et avec quelle fréquence.

Reste que de plus en plus de spécialistes attribuent bon nombre de disparitions inexpliquées à la survenue de ces vagues surgies de nulle part et le Triangle des Bermudes pourrait alors bientôt perdre son côté mystérieux.

Évaluation et prédiction des risques

27 Qu'est-ce que la prédiction à moyen et long terme ?

La prédiction à long terme consiste à déterminer la probabilité d'occurrence, à plusieurs dizaines d'années près, d'un séisme majeur qui pourrait affecter les activités humaines dans une région donnée. C'est donc une composante essentielle dans le processus d'évaluation du risque sismique et dans la mise en œuvre des politiques publiques de prévention. L'ingénieur qui doit dimensionner une tour de deux cents étages, un pont ou une centrale, doit pouvoir envisager toutes les sollicitations auxquelles sa structure pourrait être soumise. Les enjeux sont tels que la prédiction à long terme est un sujet d'études et de recherches dont l'intérêt est unanimement reconnu.
La prédiction à moyen terme, elle, consiste à préciser la probabilité d'un séisme dans une région donnée avec une échéance de un mois à quelques années près. Au cours des dernières années, l'objectif a évolué, il s'agit désormais de déterminer

combien de séismes d'une certaine magnitude sont susceptibles de se produire dans une région donnée, au cours du même laps de temps. Ce type de prédiction fait appel à des méthodes statistiques complexes et repose sur l'idée que les séismes majeurs s'inscrivent généralement dans une séquence de sismicité relativement reproductible à l'échelle régionale. Une telle approche ne peut donc s'appliquer que dans des régions fortement sismiques et bien instrumentées, où l'on a repéré une certaine répétitivité et où l'on connaît ces séquences. La Californie, par exemple, est la zone par excellence où ce type de prédiction a été testé, sous l'impulsion de géophysiciens férus de statistiques.

28 Quelle différence entre prédiction et prévision ?

Les sens de « prédiction » et « prévision » sont souvent inversés, et même Le Robert n'apporte rien de décisif pour trancher sur le bon usage. En termes sismologiques, la différence est pourtant notable.

Prédire, c'est affirmer qu'un séisme peut se produire dans une région un jour ou l'autre, en raison de l'existence de failles actives connues et de l'accumulation continue des contraintes. La prédiction prend donc en compte la sismicité historique d'un lieu pour essayer de quantifier l'occurrence d'un séisme.

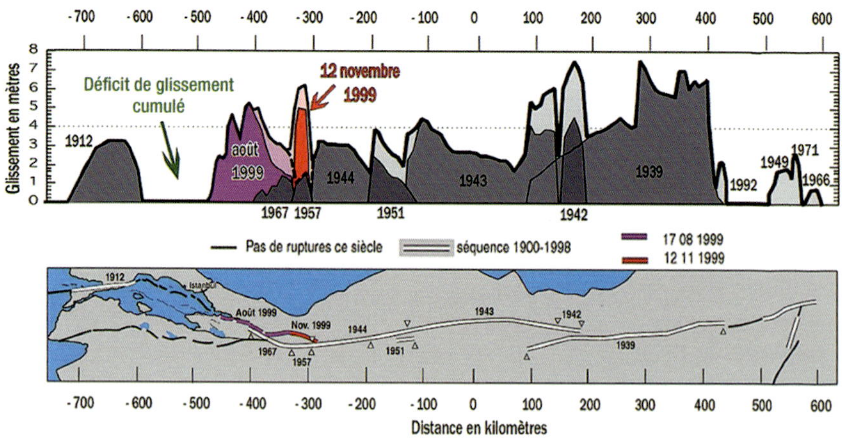

Distribution des grands séismes survenus au XXe siècle le long de la faille nord-anatolienne. À partir de cette carte, il est légitime de prédire qu'un séisme imminent menace Istanbul. Quand aura-t-il lieu ? Nul ne peut le dire

« Si ça a tremblé une fois, ça tremblera une nouvelle fois ». Après quoi, on définit un « aléa » (probabilité que l'évènement survienne à court, moyen ou long terme), qui se traduira en « risque » si la région est fortement peuplée.
Prévoir, c'est affirmer que, tel jour, à telle heure, la catastrophe se produira. Une pratique courante en météo, de plus en plus fréquente pour les volcans, mais encore inexistante pour les séismes.

29 Peut-on prévoir à court terme ?

Non, toujours pas à ce jour. Et pourtant, la prévision à court terme est considérée comme le Graal de tous les géophysiciens. La quête de l'impossible étoile. Elle consiste à déterminer avec exactitude le lieu (à 10 kilomètres près), la magnitude (à 1 degré près) et l'instant (à 24 heures près) du prochain séisme. Toute prévision à court terme doit impérativement conjuguer avec succès ces trois paramètres à la fois. Rien ne sert d'évacuer la ville de Nice si le séisme s'avère *in fine* de magnitude 2 ou si l'épicentre est finalement placé à 200 kilomètres !

Chute de pierres sur une plage de Lefkas (Grèce) provoquée par un séisme distant de plus de 110 kilomètres. L'exemple type d'évènement imprévisible !

Contrairement aux autres risques naturels, les tremblements de terre sont aujourd'hui impossibles à prévoir à court terme en raison de la complexité des phénomènes à prendre en compte. Pour prévoir un séisme, il faudrait connaître parfaitement, en tous points (en surface et en profondeur), la géométrie de la faille et de toutes les failles associées, les contraintes accumulées partout sur la faille et le couplage de la faille, c'est-à-dire la « force » qui bloque la faille (si le mouvement est continu, il n'y a pas de séisme). Un objectif encore considéré comme irréaliste par la quasi-totalité des sismologues.
Certes, un séisme est parfois précédé de secousses, de déformations du sol, de modifications des champs électriques et magnétiques terrestres, de la variation du niveau des nappes

phréatiques, d'émissions de gaz le long des lignes de fracture. Mais ces phénomènes se produisent aussi indépendamment de toute activité sismique et, dans le cas de séismes violents, ils n'ont jamais été enregistrés de façon cohérente et précise par les réseaux de surveillance. Autant dire que nous n'y sommes pas encore !

30 Qu'est-ce que l'aléa sismique ?

C'est une donnée fondamentale de sismologie. Et un outil essentiel sur lequel s'appuient les sismologues pour pouvoir évaluer le risque sismique. L'aléa sismique est la probabilité, pour un site d'être exposé à une secousse sismique avec des caractéristiques données, au cours d'une période de temps.
Pour calculer un aléa, il faut commencer par installer un réseau de sismomètres autour d'une région pour enregistrer tous les séismes, aussi minimes soient-ils. Certes. Mais cela ne suffit pas. Car enregistrer l'activité sismique pendant dix ans, sans que rien ne se produise, ne signifie pas qu'aucun séisme important ne se produira dans cinquante ou cent ans. Il faut donc également connaître la distribution des séismes dans le temps et l'espace, c'est-à-dire l'histoire sismologique de la zone. Y a-t-il des failles actives ? Et si oui, à quelle distance ? Quelle a été la récurrence des séismes ? Quand se sont-ils produits et avec quelles caractéristiques ? Pour le savoir, les scientifiques essaient de faire parler les traces laissées dans la nature par les séismes anciens. Cette discipline, appelée « paléosismologie », consiste à reconstituer l'histoire sismologique d'une région sur la plus grande période possible, souvent de l'ordre du millier ou de la dizaine de milliers d'années.
À côté de ce travail de terrain, les scientifiques travaillent également en collaboration étroite avec les historiens. Récits, témoignages, peintures, tout peut être source d'enseignement. À la condition, bien sûr, que ces régions soient celles de peuplements anciens et que les archives existent. C'est le cas de la Chine qui a près de 2 700 années d'archives, ou de la France, où l'on peut retrouver la trace de séismes jusqu'au XIe siècle. Mais en Californie, par exemple, où le peuplement est beaucoup plus récent, il n'existe rien avant l'année 1800 ! Or, sans cette connaissance de la sismicité d'une zone, le danger sismique ne peut être estimé de façon fiable. Et sans une bonne estimation du danger sismique, il est difficile de convaincre les populations de mettre en œuvre des mesures

adéquates, à commencer par les constructions parasismiques qui doivent être en accord avec cet aléa.
Autres facteurs qui détermineront le calcul de cet aléa, les effets locaux, chacun de ces effets influant sur la gravité des dégâts qui affecteront les constructions, les voies de communication, les installations de gaz, d'eau, etc. Parmi ces effets, le plus important est celui qu'on appelle « l'effet de site ». Cet effet de site, propre à chaque zone, dépend de la configuration géologique du terrain, de la nature du sous-sol à cet endroit-là (sols mous ou durs), de la topographie, de l'instabilité des versants, etc. On sait par exemple, que l'intensité d'un séisme est aggravée par la présence de cuvettes (comme à Mexico ou Grenoble, par exemple) où l'effet est d'autant plus important que les sols sont mous.

Évaluation de l'aléa

L'aléa sismique peut être défini comme la possibilité pour une région ou un site d'être exposés à une secousse sismique de caractéristiques données.

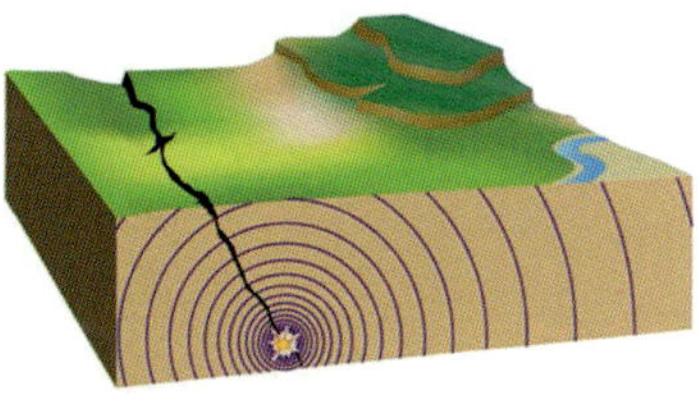

Caractérisation de l'agression sismique :
Aléa régional
- Source sismique,
- magnitude ou intensité de référence,
- localisation de l'épicentre,
- profondeur focale,

Aléa local
- effets de site.

Évaluation de la vulnérabilité des enjeux

La vulnérabilité représente un degré d'endommagement d'un élément exposé à une secousse sismique donnée.

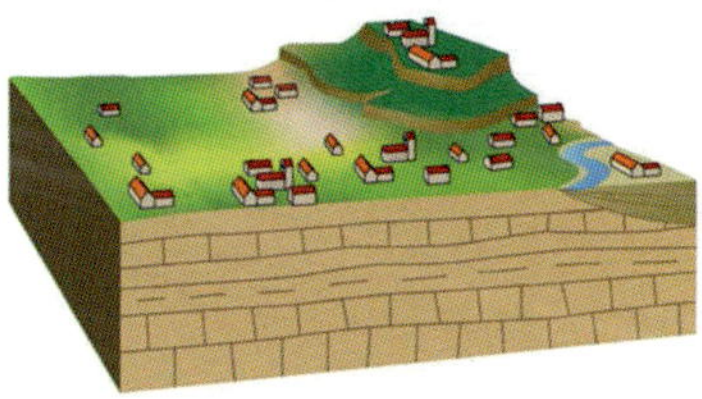

Les éléments exposés rassemblent les personnes, biens, activités, moyens, patrimoines susceptibles d'être affectés par un phénomène naturel.
Les enjeux représentent la valeur attribuée aux éléments exposés à un aléa donné.
L'évaluation de la vulnérabilité aux séismes du territoire, c'est :
- l'analyse du contexte naturel et anthropique,
- l'identification des enjeux,
- l'estimation des conséquences directes et indirectes d'un séisme sur les différents types d'enjeux.

Évaluation du risque

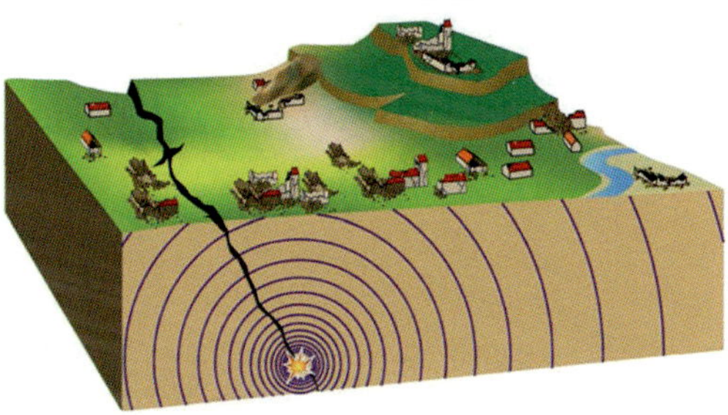

Le risque est le croisement entre l'aléa d'une part, et les enjeux et leur vulnérabilité d'autre part.

31 Qu'est-ce que la vulnérabilité sismique ?

La vulnérabilité est une notion indépendante de l'aléa sismique. Avant de mettre en œuvre une politique de prévention, il est nécessaire de connaître les enjeux concernés par cette politique, c'est-à-dire l'ensemble des personnes, des activités, des points sensibles, des biens et du patrimoine pouvant être affectés par le séisme. Une vieille masure isolée à la campagne représente des enjeux faibles. En revanche, s'il s'agit d'un hôtel particulier branlant, abritant un musée empli de chefs-d'œuvre, situé au cœur d'une ville historique classée au patrimoine mondial de l'Unesco, les enjeux pour la région et pour l'humanité sont immenses. Les deux constructions s'effondreront de la même façon quand la Terre tremblera. Mais l'hôtel particulier aura une grande incidence sur la vulnérabilité de la région, contrairement à la masure. En revanche, le même hôtel particulier, renforcé et mis en conformité avec des règles parasismiques soigneusement établies, aura, à enjeu égal, une incidence réduite sur la vulnérabilité.

Effondrement d'un immeuble à Boumerdès (Algérie) après le séisme du 21 mai 2003

Pour définir cette vulnérabilité, on va donc répertorier la densité de la population et la localisation des points sensibles : usines, centrales, écoles, hôpitaux, ouvrages d'art (ponts, routes, voies ferrées, etc.), conduites de gaz mais aussi patrimoine historique de valeur. Autant de structures qui peuvent par leur destruction provoquer des incendies, des explosions ou de lourdes pertes pour une région.

32 Comment évalue-t-on le risque sismique ?

Le risque sismique prend en compte deux paramètres : l'aléa, c'est-à-dire la possibilité pour un site de subir des secousses (l'aléa est très élevé aux frontières entre les plaques tectoniques) et la vulnérabilité, c'est-à-dire le nombre de personnes exposées et la fragilité des bâtiments.

Top 3 des séismes les plus meurtriers de l'Histoire

Les séismes de très forte magnitude ne sont pas forcément les plus meurtriers. Par ailleurs, il est, encore aujourd'hui, très difficile, d'estimer le nombre des victimes d'un séisme et les bilans sont toujours sujets à controverse. Il semble néanmoins qu'il y ait un consensus sur le Top 3 des séismes les plus meurtriers de l'ère instrumentale.

1- 1976 : Chine, tremblement de terre de Tangshan. D'une magnitude de 7.8, ce séisme a frappé le 28 juillet 1976 à 3 h 42 du matin et détruit la ville en quelques secondes. Le bilan est de 280 000 à 600 000 morts selon les estimations.

2- 1920 : Chine, tremblement de terre du Haiyuan. La secousse qui s'est produite le 16 décembre 1920 a tué plus de 273 000 personnes. D'une magnitude de 7.8, le séisme a aussi détruit plusieurs barrages proches de son épicentre.

3- 2004 : Indonésie, tsunami de Sumatra. Le 26 décembre 2004, un tsunami provoqué par un séisme sous-marin frappe l'Inde, l'Indonésie, le Sri Lanka et la Thaïlande. Avec une magnitude de l'ordre de 9.1, ce tremblement de terre est le deuxième plus puissant jamais enregistré. C'est aussi l'un des plus longs. La secousse a duré entre 8 et 10 minutes. Le bilan est de plus de 230 000 victimes.

D'autres séismes de l'ère pré-instrumentale auraient été tout aussi meurtriers. Pour certains historiens, **le tremblement de terre de Shaanxi, en Chine, du 23 janvier 1556, serait le plus meurtrier de l'Histoire** avec la disparition d'environ 830 000 personnes. Un chiffre difficile à prouver… Il a détruit une zone de 800 kilomètres carrés et tué 60 % de la population qui y vivait. Selon un témoignage « *les montagnes et les rivières ont changé de place, les routes ont été détruites. À certains endroits, le sol a soudain monté pour former de nouvelles collines ou il s'est brutalement affaissé pour devenir des vallées.* »

Autre séisme de l'ère pré-instrumentale dont les chiffres sont sujets à caution, celui d'Alep en 1138. D'une magnitude (sans doute très surestimée) de 8.5, ce séisme aurait été ressenti jusqu'à 350 kilomètres de l'épicentre en provoquant la mort de 230 000 personnes. Le fait que la forteresse d'Harem construite par les Croisés se soit effondrée sur eux, a sans doute frappé les imaginations et contribué à exagérer le bilan de la catastrophe.

En superposant la carte de l'aléa et celle de la vulnérabilité, on obtient alors la carte du risque sismique. Un risque qui n'est pas proportionnel à l'aléa. Par exemple, il se peut que, dans un désert, l'aléa sismique soit fort mais s'il n'y a ni pétrole ni population, les enjeux sont faibles, et donc la vulnérabilité vis-à-vis du risque sismique est faible. En revanche, si un aléa sismique modéré existe dans une zone d'urbanisme précaire, à forte densité de population, la vulnérabilité étant importante, le risque sismique sera fort.

Trace de la faille apparue lors du séisme de Kobé (Japon) en 1995, préservée dans le musée « Awaji Island Nojima Fault Preservation Museum »

C'est en combinant ces deux éléments précédents, aléa sismique et vulnérabilité, que l'Administration va classer une région « zone à risques » ou non. Ce classement est évidemment primordial puisque c'est à partir de lui que seront établies les règles de sécurité parasismiques, attribués les permis de construire... À aléa égal, c'est la vulnérabilité des enjeux qui fera toute la différence. Le séisme de Bam en Iran de magnitude 6.6 a causé en 2003 la mort de plus de 30 000 personnes alors que celui de Loma Prieta en 1989, pourtant plus puissant (magnitude 6.9), n'a fait « que » 68 morts, malgré les milliers de spectateurs qui assistaient ce jour-là à la finale de baseball au stade Candlestick Park. À Bam, ville historique vieille de près de 3 000 ans, inscrite au patrimoine mondial de l'Unesco, les enjeux étaient différents mais pas moins importants qu'à Loma Prieta, baie de San Francisco et poumon industriel de la Californie. Ici, comme souvent, c'est la différence de vulnérabilité entre les constructions des deux villes, qui explique l'écart des victimes.

33 Les séismes en une région donnée sont-ils récurrents ?

Pas forcément. La notion de récurrence sismique a été introduite pour la première fois par l'Américain H.F. Reid en 1912. Là où la Terre a tremblé, elle re-tremblera. Pourquoi ?

La première raison est que, après avoir cassé, une faille se ressoude et ré-accumule des contraintes jusqu'à céder de

nouveau. On parle alors de faille qui « se recharge ». Une fois rechargée, la faille qui est « mûre » va casser de nouveau.
La deuxième raison est que la rupture a rarement lieu sur toute la longueur de la faille. La plupart du temps, elle ne se produit que sur le segment où le chargement de contraintes a été le plus important. Quand un séisme a lieu, il ne se limite pas à relâcher les contraintes, il les redistribue ailleurs. La libération brutale d'énergie délestée par la cassure va alors transférer ces contraintes sur d'autres segments de faille qui

Tranchée creusée en travers de la faille de Mosha (Iran) pour déterminer la récurrence des séismes passés

1906, année sismologique...

Le 18 avril 1906 survient à San Francisco la plus grande catastrophe tellurique que les États-Unis ait connue. Un séisme d'une magnitude aujourd'hui estimée à 8.2, suivi d'un gigantesque incendie qui dure plus de trois jours, cause la mort de près de 3 000 personnes et fait 300 000 sans-abri. En quelques jours, c'est tout le quartier commercial de la prestigieuse cité de la ruée vers l'or qui est réduit à néant.
L'électrochoc créé par ce séisme n'est pas que humain, il est aussi scientifique. Jusqu'alors mal connue, la sismicité californienne passe au premier plan des intérêts scientifiques. Quelques jours après la catastrophe, le gouverneur de l'État californien réunit les plus grands scientifiques internationaux pour amorcer un programme de recherche. L'équipe, qui compte à la fois des géologues, astronomes, physiciens et ingénieurs, décide de se pencher sur la faille de San Andreas pour l'ausculter, l'étudier et la cartographier dans ses moindres recoins. Le rapport qui en sortira marque un véritable bond en avant dans la connaissance des phénomènes sismiques. C'est la première fois que va être établie, sous la conduite de Henry Fielding Reid, la théorie du « rebond élastique », une théorie qui explique comment la roche qui subit une déformation va, à force d'emmagasiner de l'énergie, finir par casser brutalement avant de se recharger à nouveau jusqu'au prochain point de rupture et ainsi de suite... Avec cette théorie, apparaissent les notions fondamentales de « cycle sismique » et de « récurrence sismique ». Une révolution, qui fait de 1906, une date clé de la sismologie moderne.

vont alors se charger brutalement. Et le processus se nourrit ainsi de lui-même. La récurrence des séismes dépend donc du temps de remise en charge du système. En considérant, par ailleurs, que les roches se déforment toujours de la même façon, on peut supposer que le temps entre deux séismes et la magnitude de chaque épisode seront globalement constants. Et à partir de là, procéder à des calculs de récurrence. Mais là encore tous les mystères ne sont pas levés et cette notion de récurrence a été prise en défaut en de nombreux sites. Certaines zones de failles vont connaître des périodes d'activité

Y a-t-il des cas connus de catastrophe prévisible ?

Le cas de Téhéran, l'épée de Damoclès iranienne

Oui, c'est le cas de Téhéran, où le « Big One » peut arriver d'un moment à l'autre. Mégalopole de plus de 15 millions d'habitants, la capitale iranienne est adossée à des chaînes de montagnes et assise sur plus de 7 failles actives !

Placée sur ces lignes de failles, la ville de Téhéran présente de surcroît d'importants risques d'amplification des mouvements sismiques liés à « l'effet de site ». D'un côté, une zone urbaine reposant sur des dépôts alluviaux à forts risques d'amplification. De l'autre, des zones moins exposées situées sur la roche dure. Un contexte de risque sismique dramatiquement élevé. La ville, qui a vu sa population multipliée par quarante depuis le XVIIIe siècle, s'est construite très rapidement, sans aucune norme de construction jusqu'en 1970. Les règles parasismiques ne concernent pas le bâti privé, les études de vulnérabilité sont très parcellaires et le gouvernement n'a pas mis en œuvre la politique de prévention et d'éducation en adéquation avec les risques encourus. Pire, les autorités officielles ont utilisé pendant des décennies, jusqu'au début des années 2000, des caractéristiques sismiques erronées et donc des normes de construction largement insuffisantes ! À défaut de tout reconstruire, il faudrait effectuer des contrôles et informer les particuliers qui construisent souvent leur maison eux-mêmes, sans aucune règle parasismique. Et ce, malgré la catastrophe annoncée.

Certaines autorités iraniennes admettent qu'en cas de séisme supérieur à 6 sur l'échelle de Richter, l'ensemble des vieux immeubles de Téhéran et la plupart de ceux des quartiers populaires surpeuplés s'écrouleraient sur leurs habitants. Au-delà de 7 sur la même échelle, c'est toute la ville, y compris les nouvelles constructions et infrastructures, qui pourraient être détruites.

Alors, faut-il déménager la ville comme le préconisent certains sismologues iraniens ? Si cette décision peut donner bonne conscience à l'État, cela ne résoudra pas le problème des 15 millions d'habitants qui ne partiront pas du jour au lendemain...

sismique intenses pendant des dizaines d'années ou quelques siècles, puis plus rien pendant des siècles ou encore des millénaires... Pourquoi ? Difficile de le dire.
Convaincus de cette récurrence des grands séismes, des sismologues russes ont élaboré une théorie dite des « lacunes sismiques ». Cette théorie repose sur l'idée que les séismes se déplacent le long d'une même faille avant de revenir à leur point de départ. Le temps de retour étant relativement constant, il est alors possible de définir des zones à risques. Si, en un lieu, il y a habituellement un séisme de magnitude 5 tous les vingt ans et qu'il n'y en a pas eu depuis trente ans, cette période de lacune sismique traduit un risque accru pour la zone. À partir de là, il suffit de connaître l'histoire des séismes en un lieu donné, leur localisation, leur magnitude et leurs dates pour essayer d'établir une période de récurrence approximative. La planète est parsemée de ces zones rouges placées sous très haute surveillance. Au Japon, en Turquie, en Californie ou en Iran... Et dans certains pays, cela fait quinze ou vingt ans que l'on attend le séisme *imminent*...

34 Comment estimer la magnitude des séismes anciens ?

Magnitude en 1935, intensité en 1902, les deux échelles ont été inventées relativement tard. Alors, comment fait-on pour déterminer les magnitudes des séismes qui ont eu lieu avant l'invention de ces échelles ? La connaissance de la magnitude étant une donnée essentielle pour évaluer l'aléa sismique d'une région, il a bien fallu mettre en place des méthodes et déployer des trésors d'inventivité. Le travail relève en fait d'une véritable enquête. On commence par s'occuper de

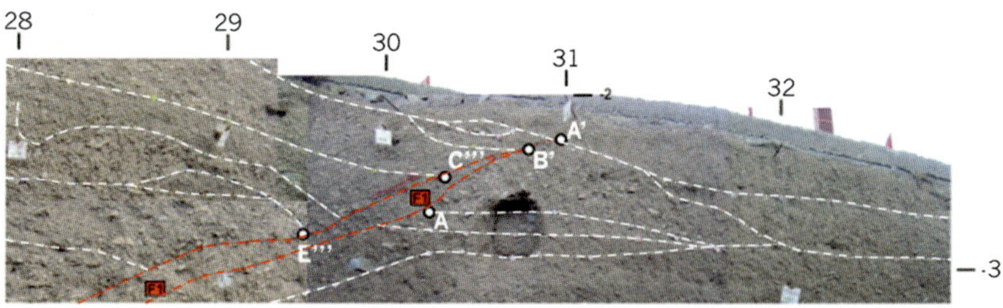

Identification des traces de séismes anciens dans les sédiments mis à nu par la tranchée

l'intensité. En recoupant les textes et écrits anciens relatant les dégâts, on finit par s'en faire une idée approximative. À partir de là, on essaye d'estimer la magnitude en confrontant ces récits avec la réalité géologique. Tel séisme ressenti à Istanbul et à Edirne en 1509, par exemple, n'a pu se produire que sur tel segment de faille. Compte tenu de ce que l'on connaît du bâti de l'époque, des dégâts observés et de la distance entre l'épicentre supposé, on en déduit la magnitude, avec une marge d'erreur plus ou moins grande.
Certains séismes sont plus faciles à quantifier que d'autres. C'est le cas des séismes qui ont engendré des tsunamis dont la hauteur de vague a, en général, été rapportée ici et là dans les écrits. C'est ainsi que l'on est arrivé à la conclusion que le séisme de Lisbonne de 1755, par exemple, qui a engendré un des tsunamis les plus dévastateurs de l'histoire, devait *grosso modo* avoir eu une magnitude de l'ordre de 8.5.

35 Comment savoir si une faille est active ou non ?

Pour faire de la prévision à long terme, il faut inventorier les failles actives dangereuses mais aussi connaître leur histoire (date approximative des précédents séismes, magnitude...). Est « active » une faille qui a engendré des séismes au cours du temps. Mais de quel temps parle t-on ? À l'échelle géologique, le temps n'a pas la même durée que celui que nous concevons. Est « récent », un événement qui a eu lieu il y a quelques millions d'années. Et est considéré comme « futur proche », ce qui se passera dans les prochains millénaires. Pour les géologues, une faille est « active » si elle a subi au moins une réactivation sismique au cours du dernier million d'années ! Pour les sismologues, une faille est « active » si elle montre des évidences de déplacement dans les dix derniers milliers d'années. Certes, c'est plus court mais quand même... Comment savoir qu'une faille a bougé il y a 2 000 ou 3 000 ans ?
Dans certains cas favorables, la topographie en a gardé la trace. La répétition des évènements sismiques est alors inscrite dans le paysage sous forme de déformations géologiques visibles, de décalages et d'escarpements, comme des marches d'escalier, (de quelques décimètres à quelques mètres en surface), qui vont faire révéler des couches de différentes couleurs jusque-là enfouies sous terre. Au fil de secousses répétées, ces escarpements s'accumulent progressivement et

Certaines couches de sédiments, appelées « séismites », présentent parfois des formes particulières qui trahissent l'existence de séismes anciens. Le briquet donne l'échelle

finissent par façonner les reliefs. Pour mettre à nu cette histoire, le scientifique va creuser des tranchées, transversalement aux failles, pour faire apparaître les séquences successives des séismes, jusqu'à dix ou vingt, parfois ! Datées au carbone 14, ces signatures à même le sol vont alors permettre de dresser la carte mémoire sismique de la région. Quand, lors d'un séisme, se crée un escarpement de faille, celui-ci est en effet soumis à l'érosion dès sa formation. Il y a d'abord éboulement au pied de l'escarpement puis des dépôts plus fins issus du ruissellement vont venir recouvrir ce relief. Avec le temps et les intempéries, un sol se forme, l'escarpement est nivelé et *in fine* plus rien ne se voit dans le paysage. Si un nouveau tremblement de terre intervient à cet endroit, ces anciennes traces ont de fortes chances d'être remises à l'air libre par le séisme lui-même ou par l'action des hommes. On découvrira donc que la zone n'en est pas à son premier séisme…

Un exemple. Après le tremblement de terre qui a frappé l'Arménie en décembre 1988, les géologues ont creusé une tranchée perpendiculaire à la faille et ont découvert une ville antique, inconnue à ce jour, avec fortifications, habitations et nécropoles. En collaboration étroite avec les archéologues, l'équipe a finalement pu faire la preuve qu'il s'agissait de la ville de Behoura, une cité occupée jusqu'à sa destruction par un séisme entre 782 et 773 av. J.C., puis son enfouissement.

Les choses sont plus difficiles en mer. Pour repérer les évènements sismiques, le géologue ne peut pas creuser de tranchées. En revanche, il peut faire l'hypothèse que les séismes majeurs ont engendré des glissements de terrain. Les dépôts associés à ces glissements sont facilement reconnaissables par leur couleur et leur texture, ils forment des couches de « turbidites » qui s'intercalent avec les sédiments déposés régulièrement en période calme. C'est ainsi que le géologue va prélever des carottes et compter le nombre de turbidites. Après, il suffit de les dater et on obtient la séquence des séismes passés.

La recherche de tous ces indices géomorphologiques se fait donc sur le terrain, mais elle peut également se faire par satellite. Certaines ruptures nettes, d'entailles comme tranchées au couteau ou de distorsions dans le paysage vues à partir des satellites comme *Landsat* et *Spot*, revêtent toutes les apparences des failles dont il faut se méfier. Ces images sont devenues, dans les dernières années, un outil de travail indispensable pour détecter les failles à risques. Relativement facile à traquer en limites de plaques franches, la faille « active » l'est beaucoup moins en zones de sismicité diffuse. C'est le cas de toutes les bandes de collision continentale comme la zone entre l'Afrique et l'Eurasie, l'Inde ou l'Asie où la sismicité est répartie sur plusieurs milliers de kilomètres de large. Même si l'on sait que, globalement, la plupart des failles dans ces régions sont actives, leur identification reste pratiquement impossible.

La boîte noire des coraux

Le séisme de 1999 de magnitude 7.5 qui a eu lieu au Vanuatu (archipel de la Mélanésie dans le Sud-Ouest de l'océan Pacifique) a provoqué une surélévation de 1,50 mètre d'une partie de l'île, sur dix kilomètres de long. En étudiant la zone avec attention, on a découvert tout au long de la faille, d'anciennes terrasses coralliennes créées par d'anciens séismes de même type. Mais de quand dataient-elles ? Les coraux nous ont apporté la réponse.

Les coraux, qui ont impérativement besoin de la lumière du soleil pour survivre, se situent donc toujours près de la surface de la mer. Si le niveau de la mer diminue ou que le fond de l'océan remonte, le corail émerge et meurt. Cette hyper-sensibilité à la variation du niveau marin a permis aux scientifiques, de retrouver l'âge de surélévation des terrasses et d'évaluer la récurrence des séismes dans la région à un tous les 300 à 400 ans, à partir de la seule datation de ces coraux.

36 Peut-il y avoir des failles cachées ?

Oui, et c'est le cauchemar des sismologues ! Il ne faut toutefois pas confondre faille cachée et faille « non vue ». La faille « non vue » est celle qu'on a laissé échapper ou qu'on n'a pas suffisamment prise en compte dans une zone potentiellement dangereuse. Cela arrive évidemment, notamment dans les zones de déformation diffuse, et surtout s'il s'agit de territoires montagneux, vastes et inaccessibles comme l'Himalaya.

La faille cachée ressort, elle, d'un autre phénomène qui est beaucoup plus sournois puisqu'il s'agit de failles qui n'atteignent pas la surface. Et sont pratiquement indétectables. Le seul moyen pour les repérer consiste à déposer des sismographes aux endroits supposés (encore faut-il les suspecter), ou à conduire des études à l'aide des techniques sismiques utilisées pour la recherche pétrolière. Ces techniques, qui permettent d'imager le sous-sol pour visualiser les réservoirs, sont les seules qui peuvent nous dire à quoi ressemblent les zones cachées sous les épaisseurs sédimentaires. Mais elles sont à la fois extrêmement sophistiquées, coûteuses et difficiles à interpréter.

Deux séismes, qui ont eu lieu en Nouvelle-Zélande en septembre 2010 puis en février 2011, illustrent cette problématique de la faille cachée. Située sur la ceinture de feu du Pacifique, à la frontière des plaques de l'Australie et du Pacifique, le pays enregistre jusqu'à 15 000 secousses par an. Après le premier séisme de magnitude 7.1 survenu sous la ville de Christchurch en 2010, des études ont démontré que la faille responsable se trouvait enfouie dans une vallée alluvionnaire (qu'elle avait contribué à façonner) avant d'être recouverte et de disparaître sous les sédiments. Aucune étude géologique n'avait permis de la détecter. Même cas de figure concernant le séisme de 7.6 qui s'est produit au Cachemire en octobre 2005 en causant la mort de 75 000 personnes. Après le séisme, on a découvert avec effarement que celui-ci s'était produit le long d'une faille « majeure » et pourtant totalement ignorée des sismologues !

Tous ces évènements meurtriers ont contribué depuis quelques années à faire naître une nouvelle prise de conscience au sein de la communauté scientifique. Alors que dans le passé, on avait tendance à ne s'intéresser qu'aux séismes provenant de failles bien identifiées, on sait désormais que de nombreux tremblements de terre ont probablement été causés par des failles cachées situées sur le continent lui-même. Cette quasi-certitude donne le vertige. Car en l'absence d'indice géologique visible, une simple couverture végétale, comme une forêt, ou des dépôts de sédiments suffisent à masquer une faille. À partir de là, on comprend pourquoi l'inventaire exhaustif de toutes les toutes les failles actives de la planète ressort presque de la mission impossible.

37 Existe-t-il des inventaires des séismes passés ?

Oui. Ce sont les catalogues de sismicité historique. Malheureusement, ces inventaires sont peu fiables, le plus souvent. Établis à partir de témoignages écrits ou oraux, rarement de première main et souvent consignés longtemps après les faits, la plupart regorgent de faux séismes, d'erreurs de localisation ou d'anachronismes, d'autant plus difficiles à démasquer que les sources ne sont quasiment jamais mentionnées. À ce problème de transmission s'ajoute la subjectivité des témoignages. Les enquêtes effectuées aujourd'hui après un séisme montrent en effet à quel point les témoignages peuvent être variables d'un individu à l'autre. Deux voisins d'une même rue ne vont pas raconter ni avoir vécu le même séisme de la même manière selon leur âge, leur tempérament propre, leur

« L'effondrement des colonnes du palais du Lion ailé à Pétra (Jordanie) pourrait être le résultat d'un séisme, survenu en 363 apr. J.C. » : voilà typiquement une phrase à prendre avec beaucoup de précaution !

activité à l'instant « t ». Pour les uns, il aura été terrifiant, pour les autres, très modéré. L'appréciation est, par essence, très subjective.
Les narrations de séismes laissées dans l'histoire abondent de ce type d'écrits contradictoires ou fantaisistes. Certains récits, par exemple, faits par les Byzantins puis par les Ottomans sur les secousses ressenties le long de la faille nord-anatolienne s'avèrent probablement très exagérés. La Bible, elle-même, est parsemée de ces narrations d'évènements sismiques, avérés ou métaphoriques, dont il est difficile d'avoir la preuve, a l'image du séisme de Jéricho en 1250 av. J.C. Beaucoup de géologues estiment toutefois que, sans en attendre une vérité absolue, ces grands livres de l'Antiquité peuvent nous apporter des indications intéressantes sur les séismes du passé.
Alors, retranscriptions fidèles ou simple curiosité intellectuelle ? Malgré leur intérêt évident, les catalogues de sismicité historique, sans véritable fondement scientifique, sont peu fiables pour évaluer l'intensité d'un séisme ou même le localiser. Pour le reste, la datation en particulier, ce sont de précieuses sources d'informations.

38 Ces catalogues peuvent-ils aider à évaluer le risque d'une région ?

Pas toujours. Le grand séisme de Sichuan en est l'exemple type. Ce séisme de magnitude 8.2 qui a frappé la province chinoise le 12 mai 2008 a fait plus de 70 000 morts, dont des milliers d'enfants ensevelis sous leurs écoles, 23 000 disparus et 374 000 blessés. L'une des pires catastrophes naturelles qu'ait connue la Chine depuis trente ans. Et une véritable catastrophe à trois mois des J.O. de Pékin. Ce drame national et la crainte de répliques, (la dernière a eu lieu le 5 août alors que la cérémonie d'ouverture était prévue le 8 !) ont contribué à faire peser un climat de tension particulièrement lourd au sein des instances chargées de l'organisation des Jeux.
La région était pourtant connue pour avoir déjà souffert de terribles tremblements de terre, le catalogue des séismes en Chine permettant de reconstituer l'historique sur près de 2 000 ans. Et pourtant, ce séisme a pris tout le monde de court parce qu'il est intervenu dans une zone de sismicité diffuse, à l'endroit où le bloc Tibet chevauche le Bassin du Sichuan. La faille de Longmenshan, qui a cassé sur près de 300 kilomètres

de long, était pourtant connue et répertoriée. Mais sa vitesse de glissement, de l'ordre de un millimètre par an, s'est avérée être beaucoup plus lente que pour les autres failles du même système. Ce cas de figure engendre des failles au taux de récurrence élevée, de l'ordre de 10 000 ans entre chaque séisme, dont la rupture est terriblement destructrice.

39 Un séisme de magnitude 9 pourrait-il se produire en France métropolitaine ?

Non. Et tous les scientifiques sont d'accord là dessus. Il n'y a pas en France métropolitaine de structure géologique susceptible de produire un séisme de magnitude 9. Seuls les séismes associés à des failles mesurant plusieurs centaines de kilomètres de longueur (plus de 600 kilomètres) peuvent être responsables de

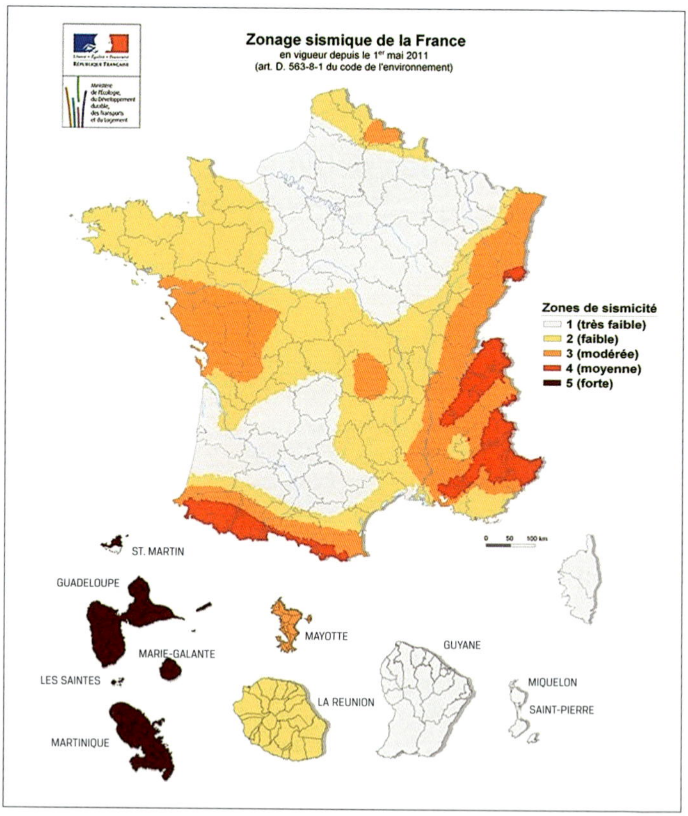

Carte nationale du zonage sismique en France, datée du 29 avril 2011

telles magnitudes. En effet, plus la rupture d'une faille est longue, plus la magnitude du séisme est élevée. À titre d'exemple, une magnitude de 7 correspond à une rupture de faille de 50 kilomètres, une magnitude de 9.1 comme à Sumatra (Indonésie) en 2004 à celle d'une rupture de faille exceptionnellement longue, de 1 200 kilomètres ! Aujourd'hui, les sismologues pensent que les plus grandes failles de France métropolitaine, longues d'une centaine de kilomètres environ, ne pourraient pas céder d'un coup sur toute leur longueur et que la magnitude 7 ne saurait être dépassée. Quoi qu'il en soit, la France connaît en moyenne une vingtaine de séismes de magnitude supérieure à 3.5 chaque année, en particulier dans les Pyrénées, les Alpes et le fossé rhénan. La plus forte secousse connue sur le territoire métropolitain a été évaluée à 6.2. C'est le séisme du 11 juin 1909 qui a eu lieu à Lambesc en Provence et qui a fait 46 morts, un plafond qui ne veut pas dire que l'Hexagone soit pour autant à l'abri de séismes de magnitude plus élevée.
La sismicité de la France a fait l'objet de très nombreuses études, conduites notamment par le Bureau d'études géologiques et minières (BRGM) et par le Commissariat à l'énergie atomique (CEA), expertisées par des comités indépendants, généralement issus du milieu académique. Par précaution, la France a mis en place, il y a quelques années, une véritable politique de prévention des risques sismiques. Pour pouvoir appliquer cette politique, les pouvoirs publics ont découpé le territoire en zones sismiques de la classe 0, caractérisée par une « sismicité négligeable mais non nulle », jusqu'à la classe III caractérisée par une « forte sismicité ». La grande majorité du territoire français est en zone 0, sauf les Alpes et les Pyrénées classées en zone II. Et aucune zone en métropole ne figure en zone III.

40 La France d'outre-mer est-elle exposée aux séismes ?

Oui. Le risque est ici bien réel. Alors qu'on considérait, jusqu'en 2004 avec le séisme de Sumatra, que la limite de magnitude aux Antilles était probablement de 8, on s'interroge désormais sur l'éventualité d'un séisme de magnitude 9, suivi d'un tsunami de même ampleur.
L'activité sismique des Antilles est de loin la plus importante parmi les DOM-TOM. La Guadeloupe et la Martinique sont d'ailleurs les seuls départements français à être classés en

zone sismique III, la valeur de risque la plus élevée. Ce risque sismique élevé est d'autant plus problématique que la densité de la population y est particulièrement forte. Si un tremblement de terre touchait l'une des villes côtière de ces deux îles, le nombre de victimes se compterait par dizaines de milliers. Une simulation du séisme de magnitude 8 qui a rasé Pointe-à-Pitre en 1843 et provoqué la mort de 3 000 personnes a montré que le bilan aujourd'hui dépasserait les 100 000 morts.

Ce constat alarmant explique que les Antilles françaises soient équipées d'un réseau d'observatoires particulièrement actif. L'État a également mis en place, dès 2007, un vaste plan de prévention antisismique visant à imposer des normes antisismiques à toutes les infrastructures publiques ainsi qu'à la plupart des constructions neuves de particuliers. Des programmes de prévention et d'éducation ont également été décrétés dans les écoles où des intervenants enseignent aux enfants comment réagir en cas de séisme.

Reste que la mise en œuvre du dispositif a pris du retard. Outre les aspects économiques, l'une des grandes difficultés tient au déficit de professionnels du bâtiment spécialisés en construction parasismique. En Martinique, comme en Guadeloupe, les bâtiments construits aux normes parasismiques sont encore très rares. À Fort-de-France, l'état des lieux des bâtiments publics reste inquiétant. Seule une école sur quatre résisterait à un séisme majeur et beaucoup d'Antillais vivent encore dans les fameuses maisons « coup de main » construites sans autorisation.

41 Peut-on détecter un tsunami ?

Oui, en traquant les tremblements de terre qui en sont la source. Dans le Pacifique, par exemple, un centre joue ce rôle de gendarme. C'est le Pacific Tsunami Warning Center (PTWC), un établissement créé en 1949 à Hawaï, où des sismographes servent d'oreilles aux géologues. Ce dispositif, auquel participent vingt-cinq États membres du Pacifique, repose sur un réseau de stations sismologiques, de bouées et de détecteurs sous-marins qui jouent les vigiles 24 h/24. La France y participe sous la houlette du Commissariat à l'énergie atomique (CEA) qui pilote le centre d'alerte aux tsunamis de Polynésie.

Dès que l'alarme est donnée, on tente alors de déterminer si le tremblement de terre est susceptible d'avoir généré un tsunami. En fonction de l'épicentre du séisme, on calcule le trajet et l'heure probable d'arrivée des vagues en différents endroits. Ensuite, on se fie aux données des détecteurs de marée installés le long des côtes du Pacifique pour tenter de suivre le parcours du tsunami. Une fois par seconde, ces détecteurs mesurent le niveau de la mer. Si celui-ci s'élève ou chute rapidement, on peut alors supposer qu'un tsunami vient d'atteindre le détecteur de marée. Dès que ce constat est fait, l'information doit circuler le plus rapidement possible, car certains tsunamis locaux peuvent frapper en moins de vingt minutes !

Le centre d'alerte aux tsunamis du Pacifique, basé à Hawaï

Il n'y a pas que sur les mers que l'on peut détecter un tsunami. L'espace peut aussi nous renseigner grâce aux GPS qui, depuis la haute atmosphère, surveillent la planète et traquent le moindre mouvement d'eau suspect. Quand la surface de la Terre se déforme, le déplacement entraîne un mouvement de l'air au niveau du sol. Ce mouvement génère alors une onde qui va se propager verticalement et atteindre progressivement l'ionosphère à plus de 150 kilomètres d'altitude. Or, il se trouve que le type d'ondes varie selon la nature du phénomène. Les ondes associées à un séisme génèrent des ondes acoustiques dont la vitesse est d'environ 330 mètres par seconde, tandis qu'un tsunami fait naître une onde de gravité plus lente, progressant à environ 50 mètres par seconde. Cet enregistrement va permettre de quantifier ces perturbations de l'ionosphère et donc de dresser la carte d'identité exacte du signal reçu.

42 Les réseaux d'alerte au tsunami sont-ils efficaces ?

Oui, même si toutes les mers ne sont pas équipées de la même façon. Depuis 1995, le centre d'alerte du Pacifique est équipé de bouées DART (Deep-Ocean Assessment and Reporting of Tsunami), capables de traquer la plus infime variation du niveau de la mer. À la moindre anomalie, le capteur, immergé entre 1 000 et 6 000 mètres de profondeur, envoie des ondes acoustiques à une bouée de surface qui retransmet l'information, via un satellite, à un centre d'analyses.
Ce système, installé dans le Pacifique (où 80 % des tsunamis ont lieu) est particulièrement perfectionné et il n'a pas réellement

d'équivalent dans les océans Atlantique et Indien. Si cela avait été le cas, le séisme du 26 décembre 2004 en Indonésie aurait probablement été moins meurtrier. Pour preuve. Quelques minutes après le séisme, les scientifiques savaient déjà que l'énorme tremblement de terre au large de Sumatra était susceptible de donner naissance à un tsunami, mais faute d'un réseau de surveillance et de moyens de relais locaux, aucune alerte n'a pu être transmise aux populations côtières. Certes, les côtes les plus proches de l'épicentre n'auraient probablement pas eu le temps de réagir mais les autres, situées sur l'océan Indien, sont restées sans information, et ce, plusieurs heures avant l'arrivée de la vague gigantesque. Au total, ce sont quatorze pays qui ont été frappés par le tsunami qui a fait plus de 230 000 morts…

Bouée de détection des tsunamis en mer (DART)

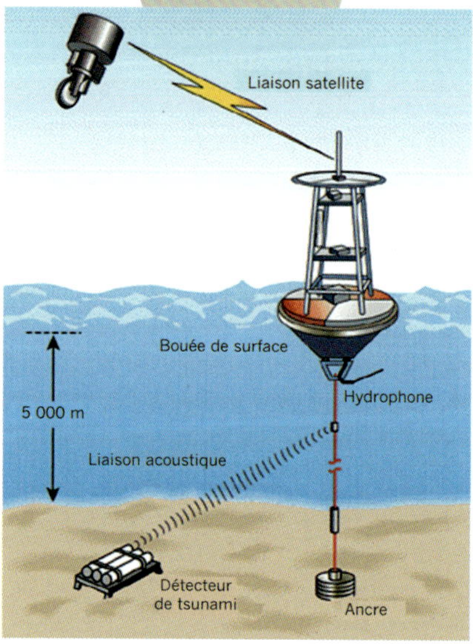

Le traumatisme a été tel que le PTWC a provisoirement pris en charge l'océan Indien en avril 2005, puis les Caraïbes en mai 2006. Il reçoit les signaux d'une quarantaine de stations sismiques et d'une trentaine de stations de mesure du niveau de la mer, situées dans ces zones puis les renvoie aux centres d'alerte nationaux avec les mêmes critères d'alerte que ceux du Pacifique. De nombreux programmes de sécurité ont également été lancés. La Commission océanographique intergouvernementale de l'Unesco (COI) a décidé de coordonner la mise en place d'un système mondial d'alerte aux risques liés à l'océan et d'établir un système d'alerte dans l'océan Indien, comparable à celui du Pacifique. Depuis 2005, le réseau mondial des stations d'alerte s'est développé avec cinq nouvelles stations. Des centres régionaux devraient également voir le jour en Australie, en Inde, en Indonésie, en Malaisie et en Thaïlande pour relayer les agences du Japon et de Hawaï, et diffuser elles-mêmes les alertes.

D'autres signes moins « scientifiques » peuvent également servir d'alerte. Le comportement des animaux en est un qui

intrigue les esprits rationnels. Lors du tsunami indonésien du 26 décembre 2004, une partie des animaux des parcs naturels situés près des côtes indiennes a échappé au désastre. L'absence de cadavres de grands animaux dans les zones sinistrées suggère qu'ils se soient enfuis à temps, sans doute après avoir senti des secousses, alertés par un mystérieux « sixième sens ». Cette hypothèse a passionné le public ainsi que les médias.
La connaissance et la prévention en sont d'autres. Certaines populations dans le Pacifique ont, depuis la nuit des temps, intégré à leur mode de vie l'écoute des signes transmis par la nature. Ils les connaissent, savent les interpréter et réagir à bon escient. Lorsque l'éducation et la culture se combinent à l'observation scientifique, il est alors possible de forger, comme c'est le cas au Chili, des comportements individuels et collectifs qui intègrent pleinement la prévention des risques naturels.

43 Y a-t-il un réseau d'alerte des tsunamis en Méditerranée ?

Oui et il est tout neuf ! Comme pour l'océan Indien, c'est le traumatisme laissé par le tsunami indonésien de décembre 2004 qui a décidé les autorités européennes à accélérer le processus de mise en place d'un réseau d'alerte en Méditerranée. Jusqu'à cette date, personne ne prenait vraiment au sérieux l'idée d'un tsunami dans cette région du globe. Et pourtant. Bien que beaucoup moins fréquents que dans le Pacifique, les tsunamis n'y sont pas absents puisque 5 à 10 % des tsunamis de la planète ont lieu en mer Méditerranée.
Les travaux entrepris dès 2005 sous l'égide de la Commission océanographique internationale de l'Unesco ont fini par aboutir à la création d'un centre d'alerte aux tsunamis pour l'Atlantique Nord-Est et la Méditerranée (le Cenalt) qui permettra d'alerter d'un risque de tsunami dans les quinze minutes qui suivent un séisme. Piloté par le CEA, qui depuis les années 70 a acquis une excellence en matière de modélisation des tsunamis, le centre a tout naturellement été hébergé au siège, à Bruyères-le-Châtel dans l'Essonne. En veille permanente, il aura des spécialistes en poste 24 h/24 et 7 j/7 pour analyser les données transmises par les marégraphes et les tsunamimètres installés en Méditerranée occidentale. Une fois ces données recueillies en temps réel, le Cenalt pourra localiser le séisme, calculer sa magnitude, définir un tsunami potentiel avec son

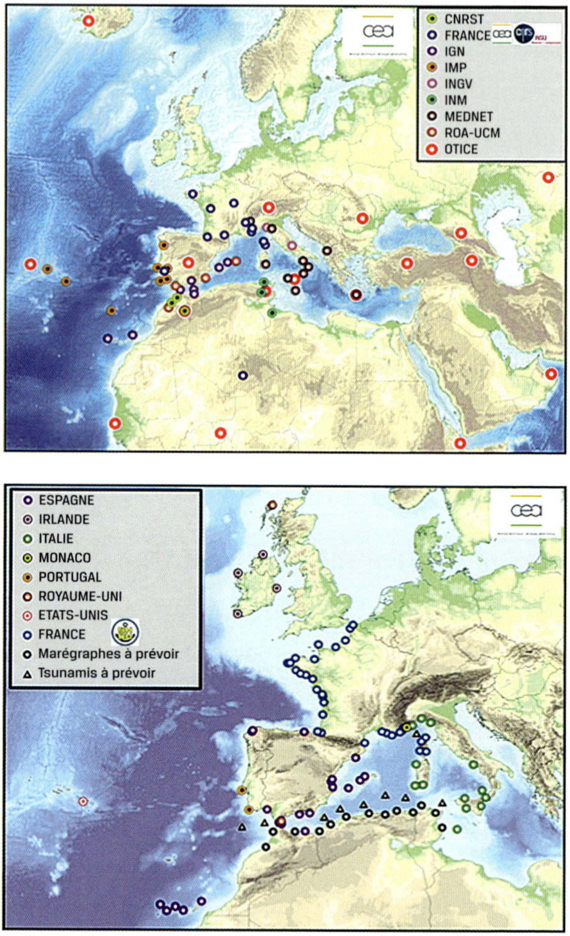

Réseau d'alerte aux tsunamis pour l'Atlantique Nord-Est et la Méditerranée occidentale : stations sismiques (en haut), stations marégraphiques (en bas)

temps d'arrivée sur les côtes et lancer l'alerte. Objectif ? Que le réseau soit pleinement opérationnel pour la mi-2012.
Le 10 août 2011, un premier test grandeur nature impliquant trente et un pays du pourtour méditerranéen a été lancé. Avec succès. Les systèmes ont fonctionné correctement et la réactivité a été maximum. La rapidité est en effet un facteur crucial en Méditerranée où les distances sont courtes. Si un tsunami sur les côtes de Provence et Côte d'Azur a peu de chance de dépasser les 3 mètres de haut (la magnitude des séismes observés n'est pas assez élevée pour générer une hauteur

supérieure), on sait en revanche qu'une vague liée à un tremblement de terre près des côtes algériennes ne mettrait que quelques heures pour arriver sur le littoral français. Cela laisse peu de temps à l'indécision !

44 Les côtes françaises sont-elles à l'abri d'un tsunami ?

Les côtes françaises ne sont pas toutes logées à la même enseigne. Si les rivages de la Manche ont connu quelques vagues d'une hauteur anormalement haute et sans explication météorologique particulière, c'est en Méditerranée que le risque de tsunamis est essentiellement localisé.

Vue aérienne de l'aéroport de Nice à l'embouchure du Var le 1er octobre 1979

... et le 17 octobre 1979

L'inventaire historique des tsunamis en France publié par le BRGM rapporte 24 tsunamis observés sur les Côtes d'Azur et de Provence entre 1564 et 1979. Vrais tsunamis ? Tsunamis douteux ou tout au moins incertains ? Faux tsunamis ? Les interrogations subsistent pour bon nombre d'entre eux.

Quoiqu'à l'abri d'un méga tsunami du type Sumatra (aucune faille continue dans la région niçoise n'ayant une longueur supérieure à 30 kilomètres), la région de Nice n'est pas exempte du risque. En 1887, le séisme de Ligurie, au large de Gênes, a produit une vague qui a balayé l'Italie du Nord et fait une dizaine de morts dans la zone de Nice. On sait également qu'un très fort séisme qui se produirait au large des côtes algériennes a de fortes chances d'engendrer des vagues ressenties jusqu'à Nice. En 2003, le tsunami provoqué par le séisme destructeur de Boumerdès de magnitude 6.9 s'est fracassé sur les côtes des Baléares, puis sur celles de l'Espagne, sans pousser plus loin. Une chance que Nice n'aura peut-être pas toujours...

La région peut enfin souffrir de tsunamis locaux. En 1979, l'aéroport de Nice a été balayé par une vague sous l'effet d'un glissement de terrain au large. Situé en pleine ville, cet aéroport, qui devait voir le jour en gagnant du terrain sur la mer, était en cours de construction. Au cours de la première quinzaine d'octobre, des pluies diluviennes, d'une rare violence, se sont abattues sur la région. Et le 16 octobre 1979, pendant des opérations de remblayage et alors que les camions accomplissaient leur ballet de déchargement, un glissement sous-marin de grande ampleur a fait disparaître en mer une partie du chantier. Après une baisse relative du niveau de la mer, un raz de marée de plusieurs mètres a littéralement submergé le littoral sur un front de 100 kilomètres. Les études réalisées après cette catastrophe ont montré que tous ces phénomènes avaient pour origine unique une avalanche sous-marine. L'affaissement du remblai a en effet provoqué un glissement sur le haut de la pente d'un des nombreux canyons sous-marin qui truffent la côte de Nice. Résultat ? Ce glissement a déstabilisé les sédiments situés en tête de canyon et entraîné par effet boule de neige un volume de sédiments sans commune mesure avec le volume du remblai lui-même, déclenchant ainsi une gigantesque avalanche sur le fond de mer. Depuis cet événement catastrophique, la région niçoise reste une préoccupation constante pour les aménageurs en raison de sa densité touristique saisonnière. Que se passerait-il, si un tsunami survenait en plein été, alors que les plages sont bondées ? On n'ose imaginer un tel scénario catastrophe…

45 Peut-il y avoir des tsunamis sur les côtes européennes ?

Oui, sans aucune doute. Aucune côte européenne n'est à l'abri d'un tremblement de terre, d'un glissement de terrain sous-marin ou d'un tsunami, que ce soit sur la façade atlantique ou sur les côtes méditerranéennes. Cette connaissance que nous avons des tsunamis européens est relativement récente. Une étude, extrêmement documentée, affirme en effet que plus de vingt tsunamis géants auraient affecté la Méditerranée en l'espace de 4 000 ans (depuis l'explosion du Santorin jusqu'à aujourd'hui), soit un tous les 200 ans. En 365 apr. J.C., a eu lieu un séisme, suivi d'un tsunami, qui a totalement inondé Alexandrie et le delta du Nil. La puissance de ce séisme, aujourd'hui controversée, a tellement marqué les esprits de

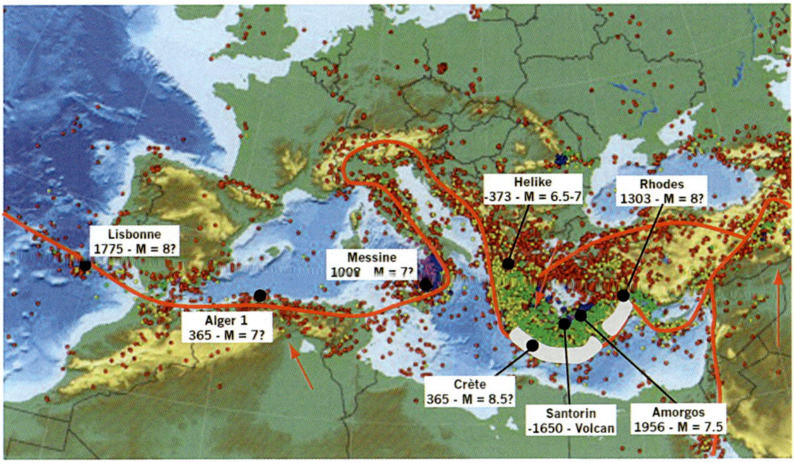

Tsunamis historiques en Méditerranée

l'époque qu'il est appelé « séisme universel » dans les récits de l'Antiquité. Un autre tsunami de grande ampleur s'étant produit en 1303, certains auteurs avancent qu'une catastrophe similaire pourrait se produire tous les 800 ans et dévaster les côtes de la Méditerranée orientale, depuis Alexandrie jusqu'aux rivages de la Turquie et de la Grèce.

Le Portugal, l'Algérie, l'Italie du Sud, la Grèce et la Turquie sont, de ce point de vue-là, des zones particulièrement sensibles. Le traumatisme laissé par le terrible tsunami de Lisbonne en 1755 et ses dizaines de milliers de morts, a tellement frappé l'opinion publique, passionné les philosophes et les savants de l'époque que, nombreux sont les récits qui sont parvenus jusqu'à nous. Voltaire, notamment, en a usé comme d'un argument dans la dispute qui l'opposait à Leibnitz sur la providence et y a puisé l'un de ses plus beaux poèmes*. Certaines éruptions volcaniques comme l'éruption du Santorin en 1600 av. J.C. ou celle du Stromboli en décembre 2002 ont, elles aussi, été à l'origine de quelques tsunamis sur les côtes européennes.

Plus proche de nous, en 1908, un tremblement de terre à Messine, de magnitude aujourd'hui estimée à 7.7, a engendré un tsunami qui a fait entre 60 000 et 100 000 morts. La catastrophe, qui a eu de graves conséquences économiques, a également déclenché des vagues de migrations qui ont dramatiquement

---

* *« Nos chagrins, nos regrets, nos pertes sont sans nombre. Le passé n'est pour nous qu'un triste souvenir. Le présent est affreux s'il n'est point d'avenir, si la nuit du tombeau détruit l'être qui pense »* Voltaire

vidé la Sicile, les Pouilles et la Calabre d'une partie de leurs habitants. Un séisme pourtant aujourd'hui presque oublié.

46 Pourquoi y a-t-il tant de villes dans les zones à risques ?

Après chaque séisme meurtrier, c'est toujours la même question. Pourquoi y avait-il tant de population à cet endroit réputé dangereux ? L'explication est assez simple.
De tous temps, les hommes se sont implantés dans les sites les plus accessibles et les plus attractifs comme les bordures côtières ou les vallées, plus propices aux flux commerciaux ou à l'agriculture, que les flancs escarpés des montagnes. Or, les bords de mer coïncident souvent avec des zones de frontières de plaques et les vallées avec des zones de failles. Les côtes japonaises, indonésiennes, sud-américaines, ou encore les îles grecques, sont des exemples types de ces installations côtières. La Californie ou le Nord de la Turquie sont, elles, entaillées par des vallées axiales façonnées respectivement par la faille de San Andreas et la faille nord-anatolienne, corridors naturels où les hommes sont venus spontanément s'implanter. Certaines villes comme San Francisco, Los Angeles, Messine, Istanbul, Port-au-Prince ou Téhéran sont même carrément assises sur des failles. Ces zones d'habitations coïncident donc bien souvent avec des zones à haute activité sismique. Rien d'étonnant à ce qu'elles soient le siège de séismes réguliers.
Plus étonnant en revanche est l'obstination avec laquelle l'homme s'attache à reconstruire au même endroit. Certes, ce

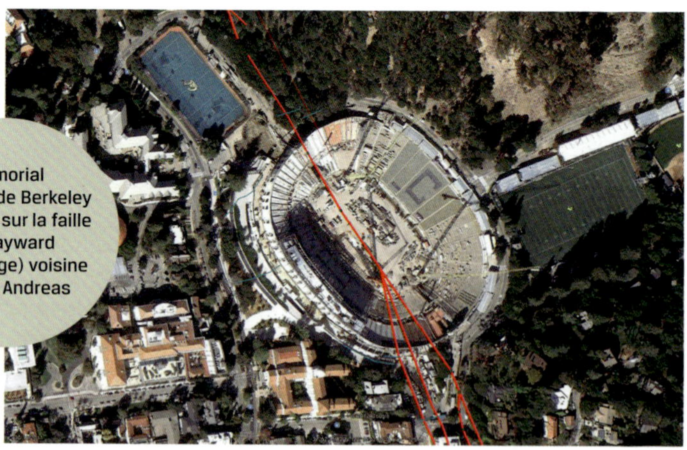

Memorial Stadium de Berkeley construit sur la faille de Hayward (trait rouge) voisine de San Andreas

n'est pas simple de déménager des infrastructures et de déraciner des populations. Mais au-delà de ces contingences matérielles et humaines, c'est surtout l'amnésie qui prime. Le taux de récurrence d'un séisme étant relativement long, la conscience du danger finit par disparaître. Après une ou deux générations, la mémoire collective se perd et l'on oublie. « *Si c'est arrivé une fois, ça n'arrivera plus avant longtemps !* »
En de nombreux endroits de la planète, des populations vivent ainsi en alerte rouge permanente. C'est le cas de la ceinture de feu du Pacifique, de l'Asie centrale, de l'Indonésie et de certaines régions du pourtour méditerranéen. Au total, on estime aujourd'hui à plus de 300 millions le nombre de personnes exposées au risque sismique. Rien qu'en France, 5 800 communes, dans une trentaine de départements, sont concernées.

47 La notion de « risque » évolue-t-elle en fonction du progrès scientifique ?

Oui. Parce que la notion de risque est liée à l'avancée des connaissances. C'est un des aspects les plus intéressants de cette science toujours en mouvement. Un exemple de cette évolution est illustré par la « zone des Cascades », une région localisée au nord-ouest du continent nord-américain. Située en bordure de la fosse de subduction, cette zone était bien sûr réputée pour être dangereuse et à haut risque sismique. Mais on ne savait pas à quel point ! Jusqu'à très récemment, les multiples campagnes océanographiques menées au large avaient démontré la présence de turbidites, des sédiments associés à des avalanches sous-marines, une signature caractéristique laissée par les glissements de terrain (à l'inverse des sédiments pélagiques qui tapissent les fonds de mers). On en avait déduit qu'il existait, en effet, une véritable activité sismique dans la région. Les différentes carottes prélevées en mer dans les années 1960-1970 avaient même permis d'établir treize couches différentes, soit plus de treize séismes majeurs en 6 000 ans ! un séisme tous les 400 à 500 ans environ.
La communauté scientifique en serait restée là sans l'effet d'accélérateur généré par le terrible tsunami de Sumatra en 2004. À l'issue de ce drame, de très importants moyens sont débloqués par les États, et des programmes de recherche axés sur les multiples causes des tsunamis sont lancés tous azimuts. L'un de ces programmes consiste justement à trouver la cause d'un gigantesque tsunami, qui a déferlé le 26 janvier

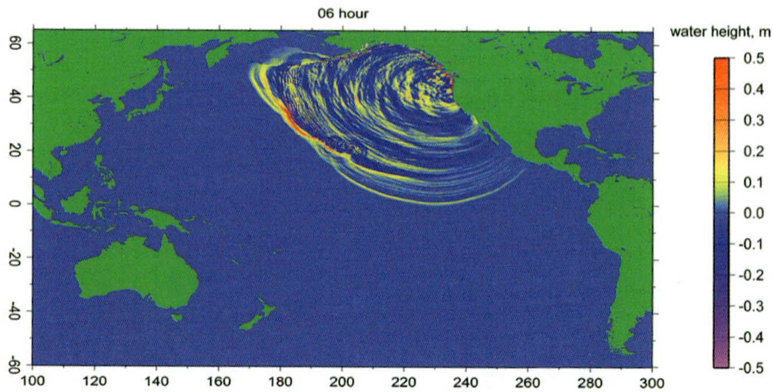

Représentation virtuelle de la propagation du tsunami géant qui s'est produit au large du Canada en 1700

1700 sur les côtes japonaises, et dont l'origine reste encore un mystère. Pas de secousse sismique connue à cette date au large de l'archipel nippon, pas de glissement sous-marin, rien qui puisse expliquer un tel phénomène. Les diverses campagnes menées alors dans la zone des Cascades, les études et les datations au carbone 14 qui ont suivi, vont contribuer à élucider le mystère. Le tsunami japonais a bel et bien été engendré par un méga séisme de magnitude supérieure à 9 (avec rupture de faille sur plus de 1 000 kilomètres), qui a eu lieu à cette date dans la zone de subduction des Cascades à plus de 7 500 kilomètres de là ! Un séisme proprement gigantesque, responsable d'un tsunami tout aussi gigantesque !

Cette découverte majeure a été un tournant pour l'évaluation de l'aléa sismique dans les régions bordant la côte Pacifique du Canada et des États-Unis. On sait désormais que cette zone vit sous la menace d'une catastrophe de grande ampleur (comparable à celle de Sumatra en 2004) qui concerne aussi bien les Américains, les Canadiens que les Japonais. Face à ce constat, les trois pays ont décidé de travailler à des programmes de recherche communs et d'énormes moyens ont été déployés. La zone des Cascades a été instrumentée et des observatoires scrutent le moindre de ses soubresauts. Il reste qu'en cas de tremblement de terre, la densité de zones urbaines comme Seattle, Portland, Vancouver, Victoria ou Tacoma avec leurs constructions vulnérables, leurs immeubles en brique et leurs gratte-ciel non adaptés, sera un facteur dramatiquement aggravant.

Prévention sismique, une planète à deux vitesses

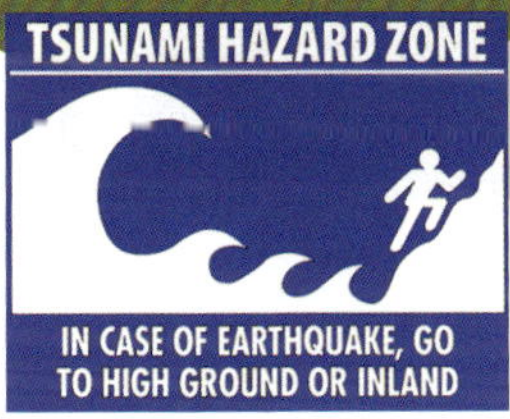

Zone dangereuse. Risque de tsunamis. En cas de tremblement de terre, Grimper sur les hauteurs ou regagner l'intérieur des terres

48 Peut-on se protéger d'un tsunami ?

Bien sûr, la meilleure des armes reste encore la prévention et la connaissance des comportements à tenir. Faute de systèmes d'alerte, beaucoup de pays fonctionnent encore au bouche à oreille. Dans tous les cas, la parade la plus sûre consiste à se mettre à l'abri le plus vite possible soit en gravissant une colline, soit en se postant au sommet d'une habitation suffisamment solide. Le principal est de se situer à quelques dizaines de mètres en hauteur, au dessus de la vague.

D'autres moyens de lutte existent selon les pays. À Hawaï, de nombreuses maisons côtières sont construites sur pilotis pour offrir moins de prise à la vague. D'autres régions à risques, comme les Maldives ont recours aux brise-lames, sortes de longues digues au large du littoral qui émergent de 3 mètres au-dessus du niveau de l'eau et viennent ralentir l'effet des vagues, à l'image des barrières de corail ou des

Ville de Banda Aceh (Indonésie) avant et après le tsunami du 26 décembre 2004

mangroves naturelles, capables d'atténuer l'ampleur des vagues ou des cyclones.
D'autres solutions existent. C'est le cas des murs anti-tsunamis qui bordent près de 40 % des côtes japonaises. Calfeutrés derrière leur masse de béton, bon nombre de villages japonais se croyaient à l'abri du pire. Et pourtant ! Même les plus hauts murs de 20 mètres n'ont pas résisté au tsunami du 11 mars 2011...

49 Quelles mesures adopter contre un séisme ?

Personne n'empêchera jamais un séisme. En revanche, on peut essayer d'en limiter les dégâts. En théorie, la mesure la plus efficace consiste à élaborer des cartes de micro-zonages aussi précises que possibles et à construire en fonction de règles parasismiques élaborées. Murs « ductiles » qui se déforment sans s'écrouler, matériaux capables de résister sans céder... sont autant de techniques de constructions imposées désormais dans les pays riches aux nouveaux bâtiments publics ou à risque comme les centrales nucléaires, les hôpitaux, les écoles, les immeubles de plus de vingt-cinq à trente étages.
Coûteux mais efficaces, ces procédés ont fait leurs preuves dans les pays où les normes parasismiques existent depuis longtemps. C'est le cas des États-Unis. Le 17 janvier 1994, un séisme de magnitude 7 a frappé le secteur de Loma Prieta près de San Francisco. Grâce aux normes parasismiques en vigueur, il n'y a eu « que » 63 victimes malgré plus de 40 milliards de dollars de dégâts. Par comparaison, un séisme bien plus modeste comme celui du Caire en 1992 de magnitude 5.8, où aucune norme n'existe, a fait des centaines (voire des milliers) de morts et rasé des quartiers entiers de constructions précaires.
Le problème n'est donc pas de l'ordre du savoir-faire mais de l'ordre du comment faire ? Et il concerne en premier lieu les constructions anciennes. Comment rendre parasismiques les constructions anciennes qui représentent 99 % du bâti mondial ? Comment rebâtir des quartiers entiers d'habitations souvent sommaires, imbriquées les unes sur les autres sans tout raser pour tout reconstruire ? Bien qu'un vrai savoir-faire existe, la mise en place de ces normes se heurte à de nombreux facteurs, urbains, sociétaux, culturels, mais surtout économiques.

Top 5 des séismes les plus coûteux de l'Histoire

S'il est difficile d'estimer le nombre de victimes, il est encore plus hasardeux d'estimer le coût économique d'une catastrophe, tant les effets induits sont nombreux. Compte tenu des enjeux, les compagnies de réassurances ont développé des méthodes ultra-sophistiquées d'évaluation de la vulnérabilité (*a priori*) et du coût des dégâts (*a posteriori*).

1- Tohoku (Japon), 2011. Le coût final du méga-séisme du 11 mars n'est pas connu à ce jour. Une première évaluation de la Banque mondiale fait état de 235 milliards de dollars, en grande partie à cause de la catastrophe nucléaire et de l'impact que cela a eu sur les infrastructures industrielles et sur la politique énergétique du Japon.

2- Kobé (Japon), 1995. Après le séisme de Tohoku, c'est la catastrophe tellurique la plus coûteuse de l'Histoire. Le séisme de Kobé a coûté 100 milliards de dollars au Japon. Les dégâts matériels ont été considérables car l'épicentre du séisme se trouvait juste en dessous de la ville et la liquéfaction des sols a provoqué l'effondrement de nombreuses structures. Kobé était de surcroît mal protégé contre les incendies, ce qui est le revers de la médaille des constructions en bois.

3- Sichuan (Chine), 2008. Avec plus de 87 000 victimes, le séisme de 2008 dans le Sichuan, région du Sud-Ouest de la Chine, a été l'un des plus meurtriers de ces quarante dernières années et l'un des plus coûteux. La facture s'élève à 85 milliards de dollars.

4- Northridge (États-Unis), 1994. Le séisme de magnitude de 6.7 qui a frappé Northridge en 1994, près de Los Angeles n'a fait « que » 61 victimes mais la facture s'élève à 44 milliards de dollars. Ce séisme est aussi le plus cher des États-Unis pour le secteur des assurances depuis 1970, qui ont dû débourser la bagatelle de 20,6 milliards de dollars, d'après les chiffres de Swiss Re.

5- Chili, 2010. Avec une magnitude de 8.8 sur l'échelle de Richter, le séisme de février 2010 a été l'un des plus puissants séismes enregistrés depuis un siècle. Le produit intérieur brut (PIB) du Chili a chuté de 1,3 % au premier trimestre de l'année et le coût global de la catastrophe pour les autorités a été estimé à 30 milliards de dollars. Côté assurances, il s'agit du deuxième séisme le plus coûteux depuis quarante ans avec 8 milliards de dollars déboursés.

50 Sait-on construire des bâtiments résistant aux secousses telluriques ?

Oui et depuis longtemps. La plupart des pays riches à forte sismicité ont érigé des règles de construction parasismiques, qui permettent de limiter les dégâts dans les zones à risque. Plusieurs paramètres sont pris en compte : le choix de l'emplacement, l'architecture du bâtiment, les matériaux...

Le pont Rion-Antirion relie le Péloponnèse à la Grèce continentale, qui s'écartent de 1,50 mètre par siècle environ

Aujourd'hui, les ingénieurs du génie civil savent construire des habitations capables de résister aux tremblements de terre. Un certain nombre de règles sont désormais acquises. On sait, par exemple, qu'il faut éviter de construire des bâtiments neufs asymétriques. L'asymétrie créant à chaque endroit autant de points de faiblesses. On sait également construire des bâtiments avec des chaînages horizontaux et verticaux incorporés à la structure, ce qui permet de solidariser l'ensemble en un seul bloc. La construction sur vérins permet également aux grands immeubles d'onduler pendant le séisme au lieu de se casser brutalement. Les constructions doivent être les plus simples possibles, pour pouvoir résister aux à-coups verticaux et horizontaux. Le mot d'ordre consiste à éviter les porte-à-faux, les encorbellements, tout ce qui fera prise.

La grande tendance des nouveaux règlements sismiques est aussi de faire appel à la ductilité des matériaux, qui doivent pouvoir se déformer sans rompre. À l'image d'un roseau. Même une structure en béton armé peut encaisser l'énergie transmise par le séisme, moyennant des déformations élastiques. Une des réalisations les plus ingénieuses est celle du pont de Rion-Antirion qui enjambe l'entrée du golfe de Corinthe, pour relier le Péloponnèse à la Grèce continentale. Inauguré en 2004, il a été construit de manière à résister aux secousses fréquentes dans la zone et à accompagner l'extension du rift entre les deux rives (plus d'un mètre et demi par siècle !).

51 Un bâtiment parasismique est-il fait « sur mesure » ?

Oui. Parce que les secousses sismiques ne se ressemblent pas d'un site à l'autre. C'est toute la difficulté des constructions parasismiques. Chaque bâtiment doit être construit en fonction du site géologique et de sa « probable » distance par rapport au foyer. Pour cela, l'architecte et l'ingénieur doivent prévoir « à l'avance » quels types de secousses pourront se produire sur le site afin de concevoir des bâtiments qui résistent à ces secousses-là.

Le cauchemar de tout architecte et ingénieur est la « mise en résonance » d'un bâtiment. Mais qu'est-ce que la mise en résonance ? Prenons l'image d'un oscillateur quelconque, un *punching-ball*, par exemple. Si on tire sur un *punching-ball* et qu'on le lâche, il va osciller à une certaine cadence. Cette cadence est la période d'oscillation propre à ce *punching-ball*, c'est-à-dire le temps particulier que ce *punching-ball* va mettre pour faire un aller-retour. Ce temps est constant, même si l'amplitude du mouvement décroît avec le temps. La période propre de chaque *punching-ball* dépend notamment de sa hauteur, de la section de sa barre et du poids de sa boule. Si on vient le percuter en cadence, on amplifie ses déformations avec peu d'énergie, on le met en résonance.

Et le bâtiment ? C'est seulement un oscillateur un peu plus complexe ! Chaque bâtiment, à l'image du *punching-ball*, a des périodes propres d'oscillation qui dépendent de ses matériaux et de sa géométrie. Si les secousses sismiques viennent le secouer « en cadence » avec une de

La sismicité régionale n'a pas découragé les Taïwanais de construire la Tour Taipei 101, haute de 496 mètres. Inaugurée en 2004, elle a été la tour la plus haute du monde jusqu'en 2010

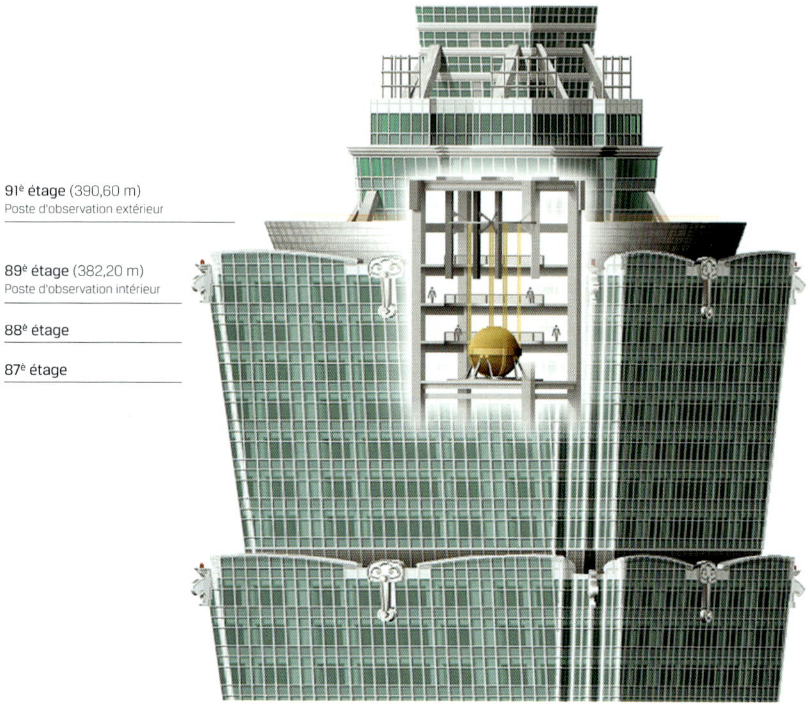

Un pendule installé au sommet de la tour permet à la fois d'atténuer les oscillations dues au vent et de mieux résister aux sollicitations sismiques

ses périodes propres d'oscillation, il se met alors en résonance avec le sol, amplifie ses secousses, se déforme de plus en plus et casse. À l'occasion de certains séismes, des ponts ont littéralement oscillé comme des vagues pendant plusieurs minutes sous l'effet de leur « mise en résonance » avant de s'effondrer net. Un scénario que l'on cherche à éviter par tous les calculs.

52 L'alerte post-sismique, c'est quoi ?

Le concept repose sur la différence de temps d'arrivée des ondes P et des ondes S et sur l'évaluation des caractéristiques de ces ondes. Si l'amplitude de l'onde P dépasse un certain seuil, on sait que les ondes S, qui suivent, seront destructrices. Les quelques secondes qui séparent l'arrivée de ces deux trains d'onde peuvent suffire à déclencher l'alerte. Certes, ce laps de temps est très court ! Pour un séisme distant de 50 kilomètres,

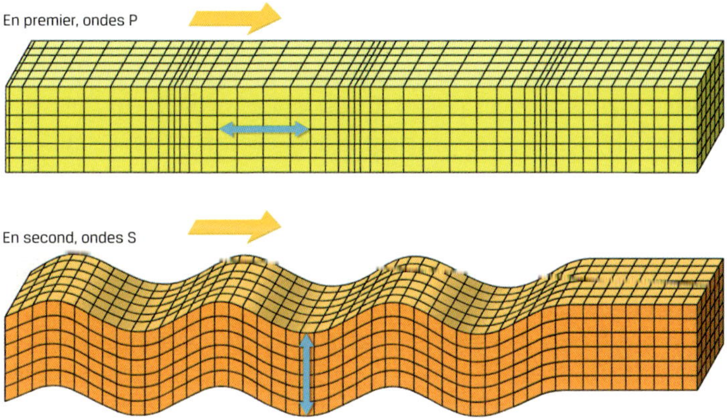

Un séisme émet principalement deux types d'ondes : les ondes P, dites de compression, et les ondes S, dites de cisaillement. Les ondes S se propagent plus lentement mais sont beaucoup plus destructrices

l'écart est de cinq secondes à peine. Mais cela peut être suffisant pour prendre des mesures d'urgence, comme l'arrêt automatique d'un train à grande vitesse ou d'une centrale électrique, ou encore l'interruption d'un programme TV pour diffuser un message d'alerte. De nombreux pays à risque sont entraînés à ces procédures exceptionnelles. En mars 2010, un séisme de magnitude 6.6 s'est produit au large des côtes japonaises. Le système d'alerte l'ayant immédiatement annoncé aux médias, la chaîne TV NHK a aussitôt interrompu un combat de sumos pour demander à la population de se mettre à l'abri. Le tout n'a pas pris plus de quelques secondes.
Ce n'est malheureusement pas toujours le cas. Si l'épicentre est trop près, aucun système d'alerte n'aura, en revanche, le temps de fonctionner.

53 En cas de doute, pourquoi ne pas recourir systématiquement à l'évacuation ?

Parce qu'évacuer des populations coûte très cher et provoque des mouvements de panique parfois pires que le séisme lui-même, embouteillages monstres, accidents, etc. Sitôt l'alerte prononcée, l'activité économique cesse et diverses interventions de sécurité doivent être mises en place comme l'arrêt automatique des procédés dangereux et autres systèmes vulnérables (coupure des réacteurs nucléaires si besoin, des réseaux de gaz...), arrêt des trains à grande vitesse, des ascenseurs, etc. En parallèle, on va mettre en place des solutions de délestage, des structures d'hébergement provisoire des populations, des lieux d'accueil. Tout cela nécessite une organisation qui, en raison de son coût, ne peut être justifiée que si la probabilité du risque dépasse un certain seuil. La première difficulté, c'est justement qu'en matière de prédiction, la certitude à 100 % n'existe pas et il y a toujours une marge d'erreur, impossible à évaluer. La seconde difficulté, c'est d'évaluer le seuil de probabilité acceptable à partir de laquelle l'alerte doit être lancée.

Alors que faire ?... Entre la négligence et le surcroît de précaution, la frontière est ténue. Le fameux duel entre Haroun Tazieff et Claude Allègre en 1976 sur l'imminence d'une éruption de La Soufrière à la Guadeloupe illustre bien cette difficulté de décision. Évacuée aux quatre coins de l'île, la population a fini par rentrer chez elle, lasse d'attendre un évènement qui n'arrivait pas. Même scénario en août 1976, près de Canton, où des populations ont couché pendant deux mois sous des tentes. Deux cas d'alertes erronées aux conséquences économiques considérables. Et pourtant, difficile de blâmer ceux qui ont recommandé l'évacuation.

La ville de L'Aquila (Italie centrale), après le séisme du 4 avril 2009

Car l'inverse peut s'avérer, hélas, bien pire. Un an après le séisme qui a ravagé la capitale des Abruzzes, le 6 avril 2009 et fait 308 victimes, sept personnalités italiennes dans le domaine de la sismologie ont été assignées en procès, accusées d'avoir sous-évalué les risques sismiques. Cette première a créé une vive émotion au sein de la communauté scientifique, qui a recueilli une pétition de plus de 5 200 signataires. Certains n'ont pas hésité à faire référence au procès de Galilée, lequel avait été mis en cause par un tribunal « d'ignorants imbéciles » (sic). En réalité, les plaignants de L'Aquila n'étaient pas tous des ignorants, la complexité du dossier est telle qu'il convient de se garder de tout manichéisme. Car après tout, pourquoi les scientifiques n'avaient-ils pas pris au sérieux les signes avant-coureurs détectés par la population ? Et pourquoi n'y avait-il pas eu évacuation ? On le voit, le sujet est brûlant. Et avec lui, se pose aussi la question du rôle des scientifiques. Peuvent-ils être tenus pour responsables ? Doivent-ils se contenter de fournir des informations factuelles ou être suffisamment directifs pour contraindre les autorités à prendre des mesures ? Quand on sait que le coût d'une fausse alerte à Hawaï est de l'ordre de 30 à 40 millions de dollars, cela fait en effet réfléchir... Dans ce dilemme, les scientifiques ne peuvent pas grand-chose, le problème relevant surtout de l'art de la décision dans l'incertitude. Une décision qui reste essentiellement politique, mais qui n'exempte pas les scientifiques de leurs responsabilités.

54 L'évacuation est-elle une décision difficile ?

Oui. Le séisme de L'Aquila est une parfaite illustration de cette extrême complexité des décisions.

La ville, déjà frappée à de multiples reprises dans le passé, est au cœur de la zone la plus sismique d'Italie. La longue liste des séismes s'égrène au fil des siècles : 349, 1461, 1703, 1915, 1984... Depuis le mois de janvier 2009, la zone connaissait de multiples microséismes en essaims avec des centaines de secousses relativement faibles. Le 30 mars, soit quelques jours avant le choc principal, un séisme de magnitude 4 avait semé la panique dans la population et deux séismes de magnitude comparable avaient encore frappé le 5 avril. Alertés par tous ces indices de réactivation de la faille, les géophysiciens de l'Istituto Nazionale di Geofisica e Vulcanologia (INGV) de Rome s'étaient empressés d'installer des sismomètres et des antennes géodésiques pour suivre cette crise inhabituelle. Hélas ! Le 6 avril à 3 h 30 du matin, le séisme de magnitude 6.3 vient surprendre tous les habitants dans leur sommeil, faisant 308 morts, 1 500 blessés et plus 50 000 personnes évacuées. Un impact sur l'économie estimé à 3 milliards d'euros.

Le drame a donné lieu à de nombreuses polémiques. La première porte sur les tergiversations qui ont précédé le séisme. Quelques jours avant le séisme, le maire de l'Aquila décide de transférer les enfants des écoles dans d'autres bâtiments plus sûrs. Mais le 31 mars, la protection civile italienne

Galilée face à l'Inquisition romaine, *Cristiano Banti* (1857)

se déplace dans la ville pour tenter de rassurer la population par le biais d'une conférence de presse.

Plusieurs jours avant l'évènement, un sismologue du laboratoire national du San Grasso, Giampaolo Giuliani, avait de son côté, tenté d'alerter l'Italie. À grands renforts d'articles dans la presse, le chercheur avait annoncé, après avoir détecté une quantité anormale de radon aux abords de la faille, qu'un terrible séisme allait se produire dans la région des Abruzzes. Mais en l'absence de plus amples connaissances sur les mécanismes physiques à l'origine de l'émission de radon, il était difficile de tirer des conclusions. Ce dégazage était-il annonciateur d'un séisme majeur ou pas ? Faute de théorie dûment validée, personne n'aurait pu le dire. Le scientifique avait alors été accusé de semer la panique et traité « d'imbécile qui s'amuse à diffuser de fausses informations ». Un mauvais

De la difficulté d'alerter...

Chercher à rassurer se paie parfois très cher... Dans une interview donnée à BBC News, le journaliste Guistino Parase, raconte comment les secousses ressenties à Onna, une localité voisine de L'Aquila, avaient empêché ses enfants de dormir. Mais, confiant dans les messages rassurants délivrés par les autorités, il les avait néanmoins renvoyés au lit au lieu de les inciter à sortir...

La maison, qui s'est écroulée quelques heures plus tard sur ses habitants, a causé la perte de sa fille de 16 ans, de son fils de 17 ans et de son père. À la suite de ce drame, Guistino Parese a pris la tête des plaignants qui reprochent à la protection civile de les avoir induits en erreur par leurs propos rassurants.

procès qu'on ne peut cependant pas reprocher aux autorités italiennes.
Sismologues incompris pour les uns, autorités bornées pour les autres. L'Aquila est un cas d'école qui illustre parfaitement toutes les difficultés du sujet.

55 La sismologie contribue-t-elle à optimiser l'organisation des secours ?

La bonne organisation des secours est un facteur déterminant dans l'espérance de survie des sinistrés. Son efficacité dépend entièrement de la rapidité d'intervention de toute la chaîne des sauveteurs, depuis la localisation rapide du séisme, l'approche des ruines, la détection des personnes ensevelies, leur désincarcération éventuelle, leur transport et jusqu'aux actions médicales *in situ*. Au-delà de 24 heures, les chances de retrouver des survivants diminuent rapidement. Cette efficacité repose en amont sur les lanceurs d'alerte que sont les instituts de sismologie chargés d'émettre des bulletins d'information et sur la fiabilité de leur diagnostic. Une bonne estimation de la magnitude donnera immédiatement une idée de l'ampleur des moyens à mettre en œuvre. Une localisation précise permettra de connaître rapidement les zones les plus touchées.
Deux exemples illustrent cette affirmation. Le séisme de Northridge et celui de Kobé. Le séisme de Northridge est un tremblement de terre qui s'est produit près de Los Angeles le 17 janvier 1994 à 4 h 31 du matin. De magnitude 6.7, il a fait des dégâts considérables et a coûté près de 44 milliards de dollars. À ce titre, c'est l'une des catastrophes naturelles les plus coûteuses de l'histoire des États-Unis. Mais l'une des plus exemplaires également pour l'efficacité de son système de secours ! La réponse des services d'urgence et l'adoption des décisions de

Homme et chien sauveteurs à la recherche des survivants après le séisme de Spitak (Arménie) du 7 décembre 1988 (magnitude 7.3)

Et en France, comment ça se passerait ?

Aujourd'hui, il n'existe en France aucun plan d'urgence « séisme », le seul plan qui serait appliqué serait le plan ORSEC, valable pour un ensemble de catastrophes naturelles.
L'alerte, avec la localisation précise du séisme et sa magnitude approximative, serait envoyée par le RENASS, (Réseau national de surveillance sismique de Strasbourg), directement au ministère de l'Intérieur auquel il est relié 24 h/24. Par convention, il est convenu que le RENASS transmette à la direction opérationnelle de la Sécurité civile (CODISC) tout séisme de magnitude supérieur ou égal à 3.7 et en donne l'interprétation adéquate.
C'est donc entièrement sur lui que repose la responsabilité de l'évaluation du risque et de sa transmission. Informations transmises, c'est au Premier ministre (à la demande du préfet et après avis du directeur de la Sécurité civile et du directeur des secours) d'annoncer ou non le déclenchement du plan ORSEC.
Le dispositif s'appuie ensuite sur des centres opérationnels ouverts 24 h/24 et 7 j/7, à trois niveaux : national, interrégional et départemental. Au niveau opérationnel national, le rôle des centres est de rassembler au plus vite les moyens spécifiques de secours, de les acheminer vers les zones sinistrées, d'informer les populations et de diffuser des consignes aux populations sinistrées. Au niveau décisionnel local, la synthèse des informations doit permettre d'estimer l'ampleur des dégâts et surtout, l'état des réseaux de communication et de télécommunications.
Sans recourir à des simulations périodiques impliquant la population, comme c'est le cas au Japon ou États-Unis, la France a tout de même acquis une certaine expérience en matière de secours post-sismique. Grâce à sa participation aux opérations de secours lors de séismes à l'étranger, elle a développé une doctrine originale et des moyens techniques basés sur la notion de « chaîne de secours » et « d'intervention intégrée des moyens » allant de la détection à la médicalisation.
Malheureusement, comme le montre l'exemple du Japon, l'organisation parfaite d'un plan sur papier ne résiste pas toujours aux réalités du terrain...

déblaiement et de réparation ont été si rapides, que l'impact économique a été minimisé et la vie quotidienne a repris son cours normal, pour la grande majorité des habitants, quelques jours seulement après le séisme ! L'organisation et la coordination des services locaux, des organismes d'État et fédéraux ont été remarquables et démontrent bien la valeur d'une préparation mûrement planifiée et réfléchie. Au final, ce séisme n'aura fait « que » 67 morts, et 9 000 blessés !
Kobé illustre malheureusement l'exemple inverse d'un séisme dont les secours se sont montrés cruellement défaillants. Les autorités japonaises ont d'ailleurs été largement critiquées, que ce soit à l'intérieur du pays ou à l'étranger, pour la lenteur

de son organisation après le séisme. Certes, la ville s'est développée sans plan d'urbanisme adapté, avec des rues étroites, embouteillées, une circulation difficile. Mais d'autres facteurs ont aussi joué. La difficulté d'appréciation due aux ruptures des moyens de communication, la lenteur des prises de décision, le manque de coordination et de préparation dans cette région du Japon ont été d'autres causes d'aggravation. Résultat ? Les premiers contingents sont arrivés sur les lieux plus de 12 heures après le séisme ! Et le séisme aura fait 6 437 morts, plusieurs dizaines de milliers de blessés et des dégâts matériels se chiffrant à plus de 10 000 milliards de yens, soit 100 milliards d'euros. Les Japonais ont su tirer les leçons, l'organisation des secours a été beaucoup plus efficace lors du séisme de Tohoku, en mars 2011.

56 Les programmes d'éducation des populations sont-ils efficaces ?

La réponse est oui. L'éducation est de loin la meilleure des préventions. Tous les pays avancés qui sont sous la menace de risques sismiques importants ont des programmes d'éducation et de préparation aux séismes. C'est le cas du Japon, des États-Unis, de la Turquie etc. L'objectif est d'éduquer et de familiariser les populations avec ces évènements. Plus la connaissance de l'évènement est acquise tôt, plus sa familiarité est intime, plus l'individu gardera son sang-froid le moment venu. Les réactions des Japonais ou des Chinois sont, à ce titre, exemplaires. Pas de panique, pas de gestes inutiles, tout est tendu vers l'efficacité maximum et les bons réflexes qui, faute d'entraînement, ne s'improvisent pas.

Aux États-Unis, de nombreuses villes demandent à leurs habitants de préparer un Plan d'urgence familial au sein de chaque maison, d'en actualiser régulièrement les données et de s'entraîner à en suivre les consignes au moins deux fois par an. Des plans d'urgence sur les lieux de travail, dans les écoles ou les garderies sont également mis en place.

Enfant s'exerçant à se tenir sous une table en cas de tremblement de terre

Séisme « mode d'emploi »

On sait depuis longtemps que ce n'est pas le séisme qui tue mais les bâtiments. Parfois même les objets, lorsqu'ils nous tombent sur la tête. Pour éviter cela, mieux vaut connaître à l'avance les consignes élémentaires de sécurité. Si l'on est à l'intérieur d'un bâtiment, la première des précautions consiste à éviter tout ce qui peut tomber. Pour cela, on aura fait attention à fixer les éléments instables et à supprimer les objets lourds situés en hauteur, au-dessus des armoires, par exemple. Une chose certaine, il ne faut pas chercher à sortir dehors à tous prix. Mieux vaut se mettre sous une table, près d'un mur, d'une colonne porteuse ou sous les parties renforcées d'un bâtiment. Autant de réflexes qui peuvent pourtant paraître contre-nature...

Et si l'on se trouve à l'extérieur, on fuira tout ce qui peut s'effondrer (bâtiments, ponts, lignes électriques, etc.) et tout ce qui peut tomber du ciel. Antennes, pots de fleurs, arbres, cheminées... En voiture, on s'arrêtera en gardant si possible la ceinture attachée jusqu'à ce que la secousse finisse. Les arbres, les lignes à haute tension, les poteaux, les panneaux de signalisation, et d'autres articles peuvent tomber sur la voiture. Si on ne peut s'en éloigner, l'habitacle sera au moins une source de protection.

Cette conscience du risque, intégrée dès le plus jeune âge, impacte tous les niveaux de la société, de l'homme de la rue jusqu'aux décideurs et aux pouvoirs publics. Dans les pays à hauts risques, la nécessité d'investir de lourds moyens dans des programmes de recherche en sismologie ou dans des bâtiments parasismiques est une priorité toute naturelle.

Pour préparer la population aux séismes, le Comté de Los Angeles passe des messages de sûreté publique à la télévision sur sa chaîne câblée, et organise tous les ans une « kermesse sismique » en coopération avec les départements de police et de pompiers, pour informer le public, donner des recommandations et répondre à toutes questions. L'État de Californie, en outre, prévoit tous les ans, une semaine de prise de conscience au cours de laquelle tous les organismes d'État concernés font une simulation de secours d'urgence post-sismique.

57 Y a-t-il moins de victimes dans les pays riches ?

Oui, sans aucun doute. Les pays riches ont progressivement appris à se protéger des séismes. Pour cela, ils ont développé une recherche concernant l'identification des zones à risques, l'évaluation du mouvement du sol lors de séismes, le comportement des ouvrages, les règles de construction parasismique

etc. Enfin, ils ont mis en place des structures de gestion de crise de manière à minimiser les pertes dues à la désorganisation des secours. Toute la démarche s'est progressivement adaptée aux modes de construction, à la technicité, et aux traditions des pays concernés. Et tout cela a été accompagné de budgets conséquents.
Dans les pays pauvres, les séismes sont beaucoup plus meurtriers. L'identification des zones à risques est souvent parcellaire, ou non suivie d'effets, et les constructions sont inadaptées aux risques. Seule une faible fraction des constructions des pays pauvres utilise en effet des techniques sophistiquées, alors que beaucoup de constructions locales pourraient être renforcées par des améliorations simples. En Iran, en Indonésie, au Pakistan, ce ne sont pas les gratte-ciel qui se sont effondrés mais des maisons dispersées de faible hauteur. Le problème est que cet habitat est le plus souvent fragile, construit avec les moyens du bord par les particuliers eux-mêmes et sans aucune règle adaptée à la protection sismique.
Des solutions relativement simples et économiques existent pourtant pour limiter ces dégâts mais elles ne sont que rarement appliquées. Or, c'est dans les années à venir que l'expansion urbaine de ces pays va avoir lieu avec près de 2 milliards d'humains à accueillir. L'enjeu, majeur, est d'autant plus à considérer que le surcoût antisismique d'une construction est mineur (5 à 10 %) alors que la réhabilitation d'ouvrages existants est souvent plus chère qu'une construction neuve.

58 Que révèlent les tremblements de terre sur le niveau d'organisation des sociétés ?

À intensité égale, un séisme ne fera pas les mêmes dégâts selon qu'il intervient dans un pays riche et respectueux des règles ou dans un pays pauvre et désorganisé. Le nombre de victimes d'un séisme est donc directement lié à l'état de développement d'une société et au fonctionnement des structures politiques et administratives du pays.
Dans un État riche comme la Californie où les règles de construction parasismique sont effectivement appliquées depuis des décennies, le nombre de victimes de séismes comme Loma Prieta en 1989 (63 morts) ou Northridge en 1994 (67 morts) est en réalité très faible. Ce qui n'a pas été le cas

jusqu'en 1999 dans un pays comme la Turquie, où les normes existantes pourtant de qualité, étaient peu respectées, surtout dans les villes à croissance rapide. Les séismes d'Izmit et de Duzce en 1999 qui ont fait 20 000 morts, ont eu, pour le moins comme conséquence heureuse, une prise de conscience salutaire. Depuis, le respect des normes est devenu un des éléments du développement économique de la Turquie.

Rupture d'une canalisation d'eau après le séisme de Managua de décembre 1972

Autre révélateur du niveau d'organisation, la rapidité et l'efficacité de la reconstruction. Dans un pays riche et bien structuré, la dynamique économique va permettre un retour rapide à l'activité normale, notamment en raison de l'impact économique positif de l'activité de reconstruction. Cela a été le cas, par exemple, de la région de Kobé au Japon qui, après 1995, a rapidement retrouvé, puis dépassé le niveau d'activité économique d'avant le tremblement de terre. En revanche, lorsqu'un séisme intervient dans un pays en voie de développement, ce sont tous les projets de développement qui s'arrêtent pour être réaffectés à la reconstruction. Le Salvador, par exemple, qui a subi une série de séismes en 2001 alors même

Un séisme aux conséquences inédites

Les conséquences politiques d'une mauvaise gestion des catastrophes sont parfois inattendues. En 1972, un séisme de magnitude 6.2 pourtant modérée, mais proche de la surface, détruit en totalité Managua, la capitale du Nicaragua, un pays en proie à la guérilla des Sandinistes contre le dictateur Somoza. Débloqués par la communauté internationale, qui s'est mobilisée pour aider le gouvernement à venir en aide aux victimes, les fonds sont alors en partie détournés par Somoza et ses proches. Pour les classes moyennes et aisées, c'est le coup de trop. Considérées comme trahies, elles se désolidarisent de Somoza, permettant du même coup à la guérilla de basculer et à la révolution sandiniste de l'emporter en 1979.

qu'il commençait à se redresser d'une longue période de guerre civile, a vu toute son économie fragilisée. L'Arménie a connu le même sort. À la suite du séisme de Spitak de décembre 1988 qui a fait plus de 60 000 morts, c'est tout le pays qui a plongé. République de l'Union soviétique, l'Arménie a dû affronter simultanément le séisme et ses milliers de sinistrés, l'arrivée massive de réfugiés politiques et l'absence de politique publique de logement social. Treize ans plus tard, en 2001, 12 000 familles arméniennes de Spitak vivaient encore dans des abris temporaires. Ce drame, deux ans après Tchernobyl, contribuera à accélérer la décomposition de l'empire soviétique.

Dans les pays en voie de développement, les difficultés de reconstruction, la précarité de relogement, la désorganisation des activités économiques et de la vie sociale peut alors s'accompagner d'un exode important de certaines catégories socio-professionnelles. Un exode qui ne fait qu'aggraver le niveau de désorganisation de ces sociétés. Et le cercle vicieux s'installe...

59 Pourquoi autant de victimes en Haïti, le 12 janvier 2010 ?

Le tremblement de terre de magnitude 7 qui a frappé Haïti le 12 janvier 2010 est un des plus meurtriers de l'histoire. Encore aujourd'hui, le bilan humain est impossible à chiffrer, entre 100 000 et 270 000 morts selon les estimations. Deux raisons peuvent expliquer le caractère particulièrement dévastateur de ce séisme. La première tient à l'extrême vulnérabilité de l'habitat. Les bâtiments historiques construits en moellons, sans renforcement (comme le palace présidentiel) ainsi que la plupart des constructions récentes, sans aucune structure parasismique, ont été balayés comme de vulgaires châteaux de cartes ! L'occupation de l'espace urbain non planifiée, souvent anarchique, ainsi que le surpeuplement de la ville (3 millions d'habitants dans un espace conçu pour 300 000 !) ont également été des facteurs aggravants.

La seconde tient à la nature elle-même du séisme, ici un séisme de « décrochement », deux plaques qui ont coulissé l'une contre l'autre. À magnitude équivalente, ce type de séisme est souvent plus destructeur qu'un séisme de « subduction » dont le foyer est en général plus profond. De plus, la faille qui a rompu passait exactement sous la ville de Léogane,

Après le séisme d'Haïti du 12 janvier 2010

une zone particulièrement touchée, à 20 kilomètres seulement de la capitale haïtienne. La position de l'épicentre du séisme, si proche de Port-au-Prince, et la faible profondeur du point de rupture sismique, 10 kilomètres, ont été d'autres facteurs aggravants. Dix kilomètres seulement sous la surface, c'est quasiment un séisme à fleur de terre !

Plus qu'un simple tremblement de terre, le séisme d'Haïti est surtout un séisme humain parce qu'il est venu frapper l'un des pays les plus pauvres du monde. De fait, ce qui rend cette catastrophe aussi meurtrière, c'est avant tout la pauvreté. Des bâtiments construits sans normes et n'importe où, avec des matériaux de mauvaise qualité. Une population peu éduquée, à qui on n'a jamais expliqué l'attitude à adopter lors d'un séisme. Aucun plan d'urgence, alors que la ville est assise sur une faille sismique qui était connue des spécialistes. Des secours désorganisés et des soins médicaux défaillants avant même la catastrophe. Des gens à la santé précaire, fragilisés par des conditions de vie insalubres.

Et pourtant ! Des séismes historiques majeurs, vraisemblablement suivis de tsunamis, ont déjà frappé l'île d'Hispaniola en 1751, 1770 et 1842. En 2003, un séisme de magnitude 6.9 a secoué Puerto Plata, une ville de 90 000 habitants en République

Dominicaine. Suite à ce séisme, des équipes américaines ont été dépêchées pour installer un réseau de stations GPS en Haïti, afin de mesurer le déplacement relatif des plaques le long des failles actives. Après cinq ans de mesures ininterrompues, le verdict est tombé, sans ambiguïté. La faille, qui a cassé en 1751, était de nouveau près de son point de rupture. Un séisme majeur, de magnitude supérieure à 7 était en préparation imminente à Haïti. Éric Calais, le responsable du programme, a présenté en 2008 ces résultats, lors d'un colloque scientifique à Port-au-Prince et a tenté d'alerter les autorités haïtiennes au plus haut niveau, pour les exhorter à renforcer le bâti et à mettre en place des programmes d'éducation des populations pour leur apprendre les gestes qui sauvent. Faute de réaction, Calais et ses collaborateurs haïtiens

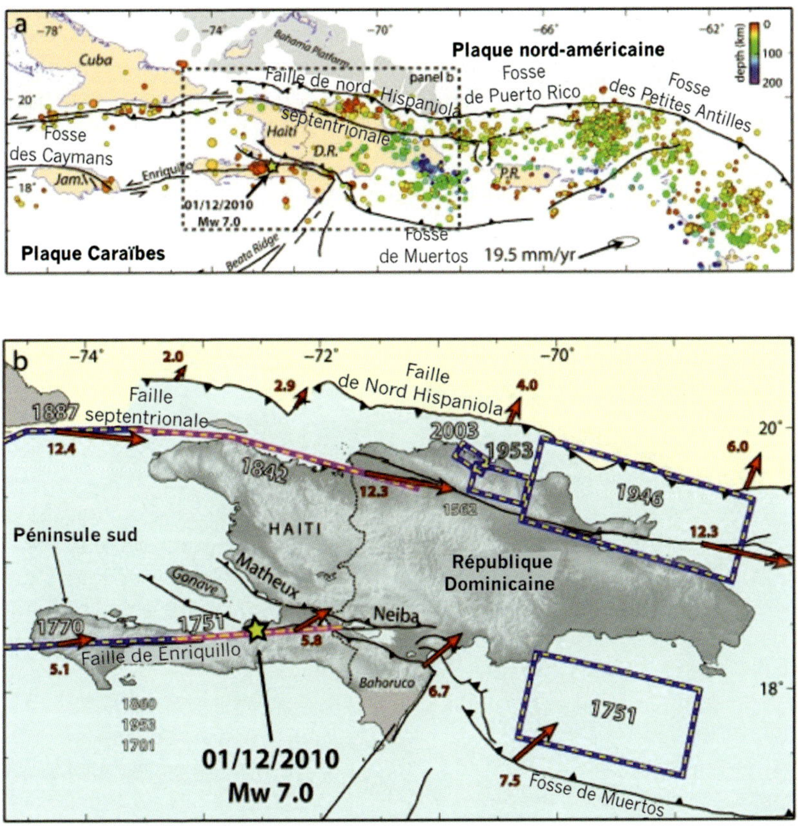

L'île d'Hispaniola a souffert de très nombreux séismes par le passé

sont revenus plusieurs fois à la charge. En vain. Bouleversé par cette catastrophe, le chercheur se consacre désormais, en plus de ses activités de recherche, à l'accompagnement des autorités haïtiennes pour la mise en place d'un programme de reconstruction en Haïti et l'éducation des générations futures.

60 Qu'est-ce qui peut alourdir le bilan ?

Le 26 décembre 2003 à 5 h 28 du matin, un violent séisme dans le Sud-Est iranien anéantit presque entièrement la magnifique cité historique de Bam. La secousse de 6.6 sur l'échelle de Richter, qui est suivie de plusieurs répliques, détruit toute la vieille ville, située à 750 kilomètres de Téhéran. Le bilan s'élève à 35 000 morts, plus de 50 000 blessés et des milliers de sans-abri. La citadelle médiévale, joyau du patrimoine culturel iranien classé au patrimoine mondial de l'Unesco, est presque entièrement détruite. Situé sur l'ancienne « route de la soie », ce chef-d'œuvre de plus de six kilomètres carrés, entièrement construit en pisé, a vu 80 % de ses habitations partiellement ou totalement détruites et deux hôpitaux se sont littéralement effondrés sur une partie du personnel. Privée d'eau, d'électricité, et de téléphone, la vieille ville n'était plus qu'un

La ville historique de Bam (Iran) en 1998 après le séisme de 2003

champ de ruines quelques minutes après la terrible secousse. Alors pourquoi tant de victimes ? La première explication tient, bien sûr, à la localisation elle-même de l'épicentre, 3 kilomètres seulement en dessous de la ville ! La seconde tient à sa survenue en pleine nuit, alors que toute la population dormait. Deux facteurs dramatiquement aggravants. Et pourtant, le sort aurait pu être bien différent. Quelques heures avant le séisme, des petites secousses avaient poussé dehors la population, inquiète. Et puis, frigorifiée, lasse d'attendre un évènement qui n'avait pas l'air de vouloir se produire, elle avait fini par regagner ses maisons pour passer la nuit. Pour s'endormir jusqu'à l'heure fatidique.

La facture des constructions est un autre facteur aggravant du drame. Entièrement construite en pisé (sorte d'argile sèche), la vieille ville s'est littéralement écroulée sur elle-même et sur ses habitants. Aucun tremblement de terre n'ayant eu lieu à Bam de mémoire d'homme et aucun d'entre eux n'étant parvenu à ébranler la ville (et encore moins la citadelle depuis près de 3 000 ans !), on avait sans doute fini par penser que l'une et l'autre étaient inébranlables. Les années passant, la citadelle n'était plus entretenue et l'érosion avait commencé à faire son œuvre. Pire, les quelques travaux de rénovation, effectués sans aucune préoccupation antisismique, avaient même probablement contribué à fragiliser les constructions.

La ville moderne, elle, s'est également effondrée en partie. Outre ses constructions traditionnelles en terre, elle était surtout constituée de structures en béton armé ou en acier avec des remplissages en briques cuites. Souvent les différentes techniques étaient mélangées dans un même bâtiment, un étage en béton rajouté sur une maison en terre, par exemple. Par souci d'économie, autant que par manque de main-d'œuvre qualifiée, la plupart de ces constructions avaient été faites au rabais.

Le manque d'éducation et de prévention des populations est évidemment une autre raison majeure des dégâts. Pas de programme dédié au risque sismique, pas d'investissement et donc pas de prise de conscience du risque ni de connaissance des conduites à tenir au sein de la population. Pour preuve. En ce même mois de décembre 2003 ont eu lieu deux autres séismes, l'un à Taïwan, l'autre en Californie. De magnitude pourtant supérieure, ils n'ont fait ni l'un ni l'autre de victimes. Reste que ce séisme iranien marque un tournant à plusieurs titres. En premier lieu, il a été à l'origine d'un réchauffement des relations entre l'Iran et l'Amérique. Survenu en plein pic de tension entre les deux pays, le drame aura permis de renouer le dialogue en autorisant l'enquête de scientifiques américains sur le sol iranien. Il a ensuite déclenché au sein des pouvoirs publics iraniens une réelle prise de conscience de l'urgence à agir. Le choc a été tel que l'on a même projeté un moment de déménager la capitale de Téhéran, elle aussi assise sur des failles ! Et c'est à partir de 2004 que seront établies et réellement appliquées de nouvelles règles parasismiques, applicables à tous les nouveaux bâtiments…

Peut-on prévoir les séismes ?

Sismographe de fond de mer déposé par l'Ifremer en mer de Marmara

61 Y a-t-il des signes avant-coureurs précédant un séisme ?

Oui et rien d'étonnant à cela quand on sait que l'énergie libérée par un séisme de magnitude 7 représente l'équivalent d'environ 900 fois la bombe d'Hiroshima ! Comment imaginer qu'un phénomène d'une telle puissance puisse se déclencher comme cela, sans aucun signe annonciateur ! Le problème n'est donc pas dans l'existence de ces signes mais dans la capacité à les détecter… avant ! Et ça, on ne sait toujours pas faire.

La première famille de précurseurs regroupe les signaux associés aux mouvements du sol. Un mouvement que l'on peut mesurer au millimètre près avec des outils de nivellement ou par GPS. Avant certains séismes, on a parfois remarqué que le sol gonfle ou se déforme. Le problème, c'est qu'il n'y a pas que la déformation de la croûte qui fait se soulever le sol. De fortes précipitations, par exemple, peuvent faire déborder les nappes phréatiques et faire gonfler le sol du même coup. Différentes causes, mêmes effets. La piste n'est pas vraiment fiable.

La deuxième famille d'observations regroupe les signaux dits « sismiques », car détectables avec des sismomètres. Peu avant un séisme, la croûte qui se déforme lentement, engendre des petits essaims de séismes précédant la rupture majeure, ou encore des sortes de murmures ou gargouillements en provenance des profondeurs de la faille appelés « trémors tectoniques ». Sorte de chants d'outre-tombe, comme si la faille grondait avant de lâcher. Ces signaux annonciateurs, parfois concentrés sur une zone de quelques kilomètres de large, pourraient trahir l'amorce du processus de rupture.

Troisième type de précurseurs possibles. Ceux qui ont trait au comportement des gaz ou des fluides contenus au plus profond de la Terre. En se déformant, la croûte va se fissurer et créer des micro-fractures dans lesquelles les fluides vont s'infiltrer. Cette infiltration, qui va avoir pour effet de perturber la circulation des eaux souterraines et de modifier le niveau des nappes phréatiques, va également faire varier le niveau des puits. Un indice qui peut mettre en alerte.

Le contenu en gaz de ces eaux peut également varier. Juste avant un séisme, certains observateurs ont dit avoir détecté dans l'air des concentrations exceptionnelles de radon, un gaz radioactif naturel qui se trouve normalement enfoui en profondeur dans le sol. L'explication pourrait être que ce gaz remonte à la surface par le canal des micro-fractures générées par la friction des roches. Mais est-ce réellement à cause des secousses ? Ou plutôt des variations météorologiques ? La piste « radon » reste controversée.

Dernière famille enfin, celle qui regroupe tout ce qui n'est pas considéré comme sérieux ou conventionnel par les sismologues. Pêle-mêle, les signaux électriques et électromagnétiques, que ce soit au sol, dans l'atmosphère et dans l'ionosphère, les signaux thermiques, observables par satellite, à l'aide de capteurs infra-rouge. Et bien sûr, les comportements anormaux d'animaux précédant les séismes. Paradoxe, c'est autour de cette famille que la recherche est la plus active car conduite par des physiciens et non des sismologues qui craignent, eux, pour leur réputation.

Reste que tous ces signaux sont encore, la plupart du temps, détectés après le séisme ! Entre prédiction et prévision réussie, le chemin reste encore long…

62 Les « trémors » sismiques représentent-ils une piste d'avenir ?

Oui, sans aucun doute si l'on en croit les dernières découvertes. Le scénario semble être toujours le même. Après une longue période de calme relatif de plusieurs dizaines ou centaines d'années autour du futur épicentre, certaines zones semblent se réveiller doucement sous des hoquets sismiques et des glissements de plus en plus rapprochés. Ces signes d'activité, qualifiés de séismes lents (ou silencieux), sont en fait des ruptures lentes qui n'induisent pas d'ondes sismiques mais une sorte de chant d'outre-tombe appelé « trémor » sismique. La plupart du temps, ces séismes lents qui semblent se produire au niveau des zones de faille bloquées susceptibles de rompre, engendrent des déplacements de l'ordre de quelques centimètres sur quelques semaines. Sans être à coup sûr des précurseurs à court terme, ils augmentent probablement le niveau de contrainte sur la faille bloquée et la probabilité de rupture. Ce type d'observation de « phase préparatoire » a été repéré grâce à la densification des réseaux GPS. Il semblerait avoir eu lieu lors de certains séismes dans la zone des Cascades ou encore peu avant le séisme de Sumatra en 2004.

Mais c'est le séisme d'Izmit, en 1999, avec ses 17 000 morts, qui a apporté le plus d'informations sur la phase terminale du processus de préparation. Le 18 février 2011, un groupe du

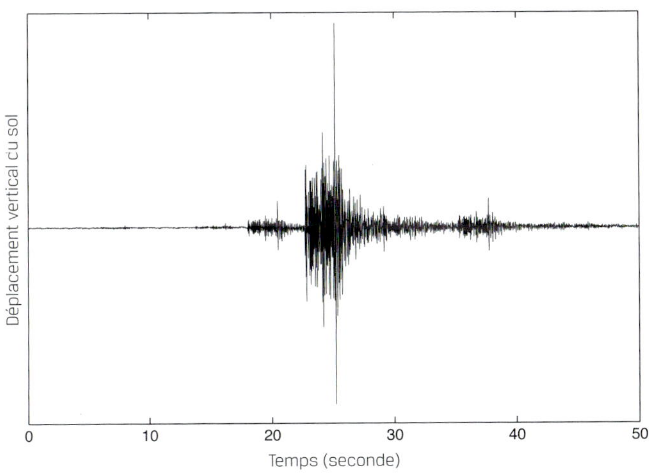

Exemple de « trémor » enregistré 20 minutes avant le tremblement de terre d'Izmit, août 1999. Les vibrations du sol ont une amplitude de quelques microns à peine

CNRS français a publié dans *Science* une étude qui pourrait faire date. Michel Bouchon et ses collègues (turcs et français) ont repassé à la loupe les données récoltées le 17 août 1999 lors du séisme qui a détruit la ville d'Izmit en Turquie. En utilisant de nouvelles techniques d'analyse, ils ont repéré plusieurs fois, au cours des 44 minutes qui ont précédé l'événement, des petites secousses très caractéristiques en termes de signal. Cette vibration du sol, imperceptible par la population, qui s'est produite au niveau du point d'initiation de la rupture, a persisté jusqu'au séisme tout en augmentant en intensité. Pour les chercheurs, ce pourrait être le glissement lent et saccadé de la faille au niveau de la zone qui va rompre, juste avant que tout ne lâche.

En tous cas, c'est la première fois que l'on observe ces « trémors » de façon aussi incontestable et avec une relation aussi claire entre leur incidence et la survenue du séisme. Reste à vérifier si la même signature est aussi présente dans les autres grands séismes. Le cas échéant, elle pourrait aider à prédire la rupture de la faille. Une chose est certaine. L'espoir repose entièrement sur l'amélioration de l'instrumentation et la finesse de l'analyse. Plus on pourra instrumenter une zone avec des instruments sophistiqués et en grande quantité, et plus on sera en mesure de déceler les détails du processus de rupture.

63 Que penser quand le sol se met à gonfler ?

Depuis de nombreuses années, des scientifiques japonais ont remarqué que dans certaines régions, le sol (ou même le niveau marin) se soulevait de plusieurs dizaines de centimètres à l'approche d'un séisme, comme s'il gonflait avant le choc. C'est en 1944 que ce phénomène a été documenté pour la première fois avant le séisme qui a frappé la région au sud-ouest de Tokyo et une deuxième fois en 1964, avant celui de Niigata. Cette fois-ci l'observation s'est faite en mer. Les instruments de mesure mis en place à partir de 1960 au bord des côtes ont effectivement constaté que la mer était montée de près de 20 centimètres quelques mois avant le séisme. En cause, le soulèvement probable du plancher océanique.

Ce phénomène de gonflement du sol a fait l'objet de nombreuses études mais les résultats sont controversés en raison de la difficulté à obtenir des mesures fiables. Quelques dérapages

Couches plissées le long d'une route traversant la faille de San Andreas (Californie)

sont restés célèbres dans l'histoire de la sismologie, pour leur retentissement médiatique. Le plus connu est celui de Palmdale Bulge en Californie du Sud. Peu avant le séisme de San Fernando en 1971, certains spécialistes affirmèrent que le sol de la Californie du Sud s'était progressivement soulevé entre 1960 et 1975 de plus de 35 centimètres sur une étendue grande comme la moitié de la Bretagne. Convaincus qu'ils tenaient là « le » précurseur que tous attendaient, ces sismologues n'ont pas hésité à s'aventurer encore plus loin. Non seulement, ce gonflement était un précurseur du séisme de San Fernando mais il en annonçait un autre, bien plus terrible encore ! Après avoir déclenché une véritable psychose dans toute la Californie, on a découvert que ces gonflements anormaux n'étaient en réalité… que des erreurs de mesure.

Un nouvel épisode de gonflement du sol met à nouveau les systèmes de surveillance en alerte en 2005. Mais cette fois, les sismologues échaudés ont fait preuve d'une prudence exemplaire. Données en main, on finit par comprendre que c'est la pluviométrie exceptionnelle de cet hiver 2004 en Californie du Sud qui, après avoir gorgé d'eau les nappes phréatiques, est responsable du gonflement.

Alors que penser de ce précurseur ? Une fois de plus, les choses ne sont pas simples. Á ce jour, on ne connaît toujours pas d'exemple indiscutable de corrélation entre surélévation du sol et séisme. À l'inverse, des surélévations ont été observées dans des régions où aucun séisme n'a jamais eu lieu.

64 Les fontaines coulent-elles plus fort avant un tremblement de terre ?

Les observations liées à la circulation des fluides sont très anciennes puisque certaines datent de plus de deux cents ans. Les premières concernent les propriétés physiques et chimiques des eaux aux alentours de la zone du séisme. Peu avant l'événement, certaines sources vont en effet voir leur température ou leur débit augmenter et leur composition chimique changer : teneur en chlore, concentration en sels minéraux, etc. Physiquement, on sait que certains puits ont vu leur niveau d'eau monter jusqu'à 5 ou 10 centimètres quelques jours avant le séisme. Ou à l'inverse, baisser de façon significative, ce qui n'est pas contradictoire car tout dépend des conditions géologiques locales ou de la position du puits par rapport à l'épicentre. Ces variations constatées, reste la principale inconnue, le facteur « temps ». Et toujours les mêmes questions. Quand le séisme se produira t-il ? Dans quelques heures, jours, mois ?

Des changements semblent avoir été observés dans le fonctionnement des geysers du Parc de Yellowstone, dans le Wyoming, quelques jours avant certains séismes lointains, de Californie

L'autre difficulté est d'arriver à évaluer, à partir de ces indices, le périmètre de la zone qui sera affectée. Aux États-Unis par exemple, certains geysers du Parc de Yellowstone au nord de la Californie se sont mis en activité anormale quelques jours avant le séisme de Loma Prieta (magnitude 7.1), qui a eu lieu en 1989 près de San Francisco. À des centaines de kilomètres de là, alors que certaines sources situées, elles, à proximité du séisme n'ont pas bougé !
Ces mêmes difficultés existent pour les caractéristiques chimiques des eaux. Certes, on constate que les concentrations en certains éléments chimiques augmentent ou baissent selon les cas, mais, à partir de là, qu'en déduire ? Et quelle prédiction faire ? En l'état actuel des connaissances, ces observations restent inexploitables.

65 Les émissions de gaz comme le radon, une piste pétaradante ?

Plus fiables, plus proches dans le temps du séisme lui-même, les gaz sont souvent considérés comme une piste plus intéressante que les autres précurseurs.
Le radon en fait partie. Ce gaz radioactif naturel se trouve enfoui en profondeur dans le sol. À l'approche du séisme, les fractures engendrées par les frictions des roches permettraient sa remontée jusqu'à la surface. Mais cette technique de prédiction reste controversée, car il est difficile d'attribuer l'augmentation du radon à la seule survenue d'une secousse et non à d'autres facteurs liés, entre autres, aux perturbations météorologiques. Pour savoir comment varient les émissions de radon lorsqu'on comprime la roche, des équipes du CEA ont eu l'idée d'utiliser les variations de contraintes induites par le cycle de mise en eau des barrages. Des mesures de radon en environnement contrôlé sont régulièrement effectuées dans une galerie sous le lac de Roselend, dans les Alpes. Cela progresse, certes, mais on est encore loin des applications pratiques !

Machine à sous. Pour la majorité des sismologues, la prévision sismique à partir des gaz relève du casino !

L'émanation de méthane est une autre piste. La mer de Marmara représente, de ce point de vue là, un champ d'expérimentation particulièrement intéressant. Située entre les détroits du Bosphore et des Dardanelles, cette mer est traversée par la faille nord-anatolienne qui coupe des réservoirs gaziers dont le prolongement à terre est en cours d'exploitation. Un cas unique au monde et une opportunité de choix pour étudier les relations entre les émanations de gaz et la sismicité. Comme la faille de San Andreas, la faille nord-anatolienne est en effet l'une des mieux connue et instrumentée du monde. On connaît les zones à risque, on surveille de près les segments de faille réputés dangereux et on sait que la rupture a de fortes chances d'intervenir au sud d'Istanbul. À partir de là, il faudrait déployer des observatoires sous-marines *in situ* pour détecter ces fameuses bulles de gaz qui, sous le jeu des failles prêtes à rompre, pourraient être relâchées avant le séisme.

66 Un satellite peut-il prévoir un séisme ?

C'est en tous cas une piste qui excite la curiosité des physiciens. Depuis longtemps, on suspecte qu'avant les tremblements de terre, des ondes électromagnétiques créent des perturbations entre 50 et 100 kilomètres d'altitude dans

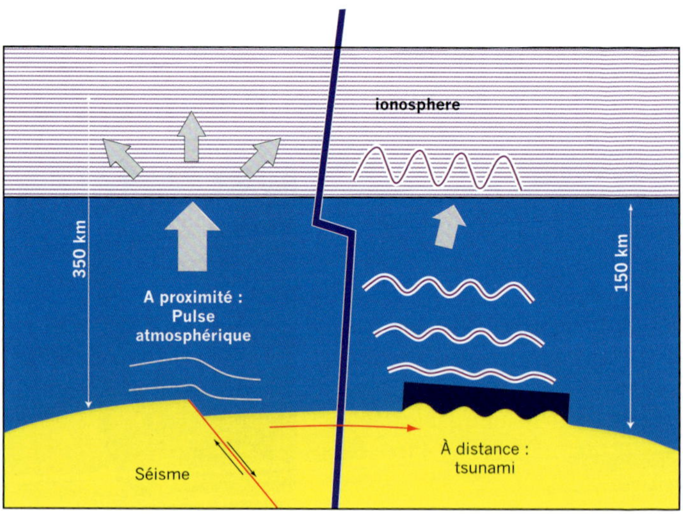

Les très grands séismes sont associés à des perturbations de l'ionosphère

l'ionosphère, une couche constituée de particules ionisées par le rayonnement solaire. Six jours avant le méga séisme du Chili, en 1960, des radioastronomes ont effectivement enregistré des signaux anormaux de ce type. Pour en avoir le cœur net, le Centre national d'études spatiales (CNES) a envoyé le satellite *Demeter* dans l'espace pour rapporter des données permettant de détecter les perturbations électromagnétiques associées aux séismes. Et effectivement des perturbations ont bien été décelées avant les tremblements de terre. Deux jours avant le séisme du 12 janvier 2010 en Haïti, *Demeter* a bel et bien enregistré des anomalies. Pour les physiciens à l'origine du projet, la mission est réussie. Mais pour les sismologues, farouches adversaires de cette piste, aucune des perturbations enregistrées par le satellite ne peut à coup sûr être attribuée à un séisme. En outre, les processus à l'origine des perturbations ionosphériques (qui se traduiraient aussi par des sortes de flashs visibles même de jour) ne sont pas encore élucidés. Affaire à suivre, néanmoins.

67 Fait-il plus chaud avant que la Terre tremble ?

La variation anormale de la température de l'atmosphère mesurée avec des capteurs infrarouges embarqués sur des satellites est en effet un autre indice prometteur. Mais qui reste à prouver. D'après certaines études, faites avant les séismes d'Izmit en Turquie en 1999 ou de Loma Prieta en Californie en 1989, les températures du sol et de la basse atmosphère auraient augmenté de quelques degrés plusieurs jours avant le séisme principal. Plusieurs explications ont été avancées pour expliquer ces variations. La première, très peu plausible en dépit de ses adeptes, tiendrait à la chaleur dégagée par la friction des roches. Étant donné la mauvaise conductivité thermique de ces dernières, il semble peu probable qu'une telle diffusion puisse s'opérer dans un temps si court. Une autre hypothèse, pas plus crédible, serait que sous l'effet de l'élévation du niveau des nappes d'eaux chaudes souterraines, cette chaleur finisse par accéder à la surface du fait de la porosité des roches. Troisième hypothèse, toujours aussi improbable à notre sens, la libération du radon et du CO_2 finirait par créer une sorte de couvercle au-dessus de la zone critique, générant un effet de serre localisé. Une autre explication enfin pourrait être que, suite à la compression des roches,

Friedemann Freund, physicien à la NASA

des particules chargées remonteraient jusqu'à la surface, où elles émettraient des rayons infrarouges détectables par satellite. Cette hypothèse, avancée par le physicien Friedemann Freund, fait aujourd'hui l'objet d'intenses recherches.

Beaucoup de questions, peu de certitudes, d'autant que les observations elles-mêmes, telles qu'elles sont présentées, ne sont pas toujours convaincantes. Quoi qu'il en soit, la piste mérite d'être approfondie. C'est en tout cas ce que pensent les scientifiques chinois, qui aujourd'hui s'investissent beaucoup sur le sujet. D'après eux, le sol se serait réchauffé de près de 5 °C en 50 jours avant le séisme du Sichuan du 12 mai 2012 ! En hausse dès le mois de février, les températures n'auraient cessé de grimper avec quelques fluctuations jusqu'à la fin du mois de mars pour augmenter significativement en mai. Restent néanmoins beaucoup de questions. Y a-t-il eu un réel décrochage de ces températures ? Des fluctuations de la sorte n'existent-elles pas de façon cyclique ? Ne sont-elles pas tout simplement dues aux variations saisonnières, entre rigueurs de l'hiver et frimas du printemps ? En somme, la survenue du séisme n'est-elle que pure coïncidence ou conséquence logique ? Cette difficulté à établir le lien de cause à effet entre les deux phénomènes est l'un des principaux reproches faits à cette théorie thermique.

68 La piste des bulles est-elle prometteuse ?

Et si les bulles pouvaient nous en apprendre sur les séismes ? C'est en tous cas la piste suivie par un certain nombre de chercheurs français, italiens et turcs.

Comme Téhéran, et d'autres villes de la planète, Istanbul vit sous la menace d'un séisme annoncé. Peuplée de 13 millions d'habitants, la ville est située à l'ouest de la faille nord-anatolienne qui coupe la Turquie d'est en ouest. Le diagnostic alarmant des scientifiques est d'autant moins équivoque que d'autres séismes récents sont venus aggraver le cas d'Istanbul. Les séismes d'Izmit et de Duzce en août et novembre 1999, qui ont fait chacun des milliers de victimes, ont peut-être eu pour conséquence de transférer des contraintes supplémentaires sur la faille située en mer de Marmara, au large d'Istanbul. Un segment de faille, proche d'Istanbul, qui n'a pas connu de rupture depuis 1766, soit depuis plus de 250 ans. Or, 250 ans, c'est à peu près la période de récurrence des séismes majeurs dans cette zone ! Aujourd'hui, les scientifiques s'accordent à penser que ce segment pourrait casser incessamment et générer un séisme de magnitude 7 susceptible de faire plusieurs milliers de victimes. Mais quand ?

Des scientifiques du CNRS, de l'Ifremer et de l'université technique d'Istanbul ont plongé en 2007 avec le *Nautile* pour aller voir la faille de plus près. Après avoir prélevé des gaz puis les avoir analysé en laboratoire, les chercheurs ont effectivement pu démontrer que la faille nord-anatolienne passait à travers un réservoir gazier en mer de Marmara. À partir de là, ils ont émis l'hypothèse qu'il pourrait y avoir des liens entre l'activité sismique et l'émission de bulles de méthane juste avant le déclenchement du prochain séisme majeur. L'idée est que les bulles, qui à l'état normal s'échappent régulièrement et à faible débit, pourraient remonter à gros bouillons vers la surface sous l'effet de la perméabilité accrue du milieu précédant l'arrivée du séisme. Et générer un grand lâcher de bulles avant la rupture...

Bulles de gaz s'échappant de la faille nord-anatolienne en mer de Marmara

Si cette hypothèse s'avérait exacte, elle pourrait préfigurer une nouvelle méthode de prévision pour certains épisodes sous-marins.

Au cours de la campagne océanographique, les chercheurs ont immergé un sondeur de pêche, habituellement utilisé pour détecter les bancs de poissons (cette technique permet en effet aux pêcheurs de repérer les poissons, trahis par leur poche d'air appelée vessie natatoire qui diffuse l'énergie acoustique). Là, tout le long de la partie immergée de la faille nord-anatolienne, l'appareil a effectivement révélé des bulles de gaz qui s'échappaient le long des failles actives. Seul, un long segment de faille, le plus dangereux, situé au sud d'Istanbul est resté peu visible au sonar. Peu de bulles, presque rien n'a été enregistré par le sondeur. Pourquoi ? L'hypothèse serait qu'avec le temps et la stabilité prolongée, les fissures se seraient bouchées en empêchant toute remontée de gaz.

Reste à savoir si, peu avant le prochain séisme majeur, ces bulles seront ou non libérées, comme un bouchon qui saute, et avec d'autant plus de violence qu'elles auront été comprimées pendant des années. Pour le savoir, les chercheurs comptent sur les observatoires sous-marins permanents qu'ils espèrent poser un jour en mer de Marmara. L'observatoire de Kandilli, de l'université du Bosphore, a déjà installé des sismomètres sur le fond de la mer, pour scruter au plus près les soubresauts de la faille. Le jour où on arrivera à combiner les deux types d'information, sur la sismicité et sur le dégazage, on aura fait un grand pas !

69 Les animaux sont-ils médiums ?

Éléphants en fuite, pandas qui s'affolent quelques minutes avant le séisme... Les animaux seraient-ils champions de la prédiction et renifleurs de séismes ? Et comment expliquer qu'ils fassent mieux que les sismologues ?

La question intéresse depuis longtemps les scientifiques. Sans grande réponse, il faut bien le reconnaître. Car si certains séismes destructeurs sont connus pour avoir été anticipés par les animaux, d'autres ne l'ont pas été. Reste que les sismologues, qui ne disposent, pour l'instant, d'aucun moyen efficace de prédire les séismes, aimeraient bien comprendre sur quoi s'appuie ce sixième sens.

Bien que de nombreuses hypothèses aient été avancées, aucune n'a pu être vérifiée à ce jour. Certains pensent que les

Nuée de crapauds dans les rues de Taizhou, deux jours avant le séisme de Wuenchan (12 mai 2008), à plus de 1 500 kilomètres de distance. Pure coïncidence ou corrélation entre les deux évènements ? À ce jour, personne n'a la réponse

animaux détectent les gaz rares, comme le radon, émis lorsque la croûte terrestre se déchire. Ce serait le cas des poules, des oies ou des pigeons qui manifestent une grande agitation avant les tremblements de terre. D'autres suggèrent que certains animaux pourraient percevoir les variations de champ électromagnétique qui précèdent parfois les séismes. Ce serait le cas des serpents. Le ressenti de cette variation expliquerait que ces reptiles sortent de leur trou avant les premières secousses pour éviter, comme cela a été souvent observé, d'être écrasés. Une autre hypothèse serait la présence dans l'atmosphère de particules aérosols chargées qui importuneraient les animaux et les feraient adopter d'étranges comportements. Les chercheurs n'excluent d'ailleurs pas que des espèces différentes recourent à des techniques différentes pour « sentir » les séismes. Cinq jours avant le terrible séisme de Sichuan du 12 mai 2008, les rues de Mianzhu, une ville de la province chinoise durement frappée par la catastrophe, ont été envahies par une arrivée massive de crapauds. Mais des nuées de batraciens ont également été observées en d'autres lieux et d'autres circonstances. Le 10 mai 2008, deux jours avant le séisme, à Taizhou (Province de Jiangsu), une ville située à plus de 1 500 kilomètres de l'épicentre. Ou encore le 3 mai 2012, à Hubei, dans cette même province de Jiangsu. Ou encore dans le nord de la Grèce, le 27 mai 2010…

Depuis 1999, seuls deux ouvrages ont été écrits sur le sujet, l'un par Ikeya, l'autre par Sheldrake.

Motoji Ikeya (1940-2006) est un physicien japonais de réputation internationale, célèbre pour ses travaux sur la datation des roches et des vestiges archéologiques. Chercheur éclectique et imaginatif, il a publié plus de 300 articles dans les meilleures revues internationales de physique et de géophysique mais n'a commencé à s'intéresser aux précurseurs sismiques qu'en fin de carrière, en 1995 après le désastre de Kobé, alors qu'il avait déjà acquis une notoriété internationale. Dans son livre consacré au sujet en 2004, Motoji Ikeya passe en revue toutes les observations consignées dans les récits et légendes populaires, sans chercher à les valider, l'entreprise étant, d'après lui, par définition impossible. Puis il décrit les expériences qu'il a lui-même effectuées en laboratoire pour tester la sensibilité des animaux à différentes sollicitations, de nature acoustique, électrique ou électromagnétique. Les résultats obtenus, pris comme tels et sans forcément vouloir les appliquer à la recherche sur les précurseurs, sont remarquablement intéressants. Ils montrent notamment que les vers de terre sortent à l'air libre quand on applique un très faible courant électrique, ou encore comment les poissons-chats (responsables des tremblements de terre dans le folklore japonais), seraient sensibles à de faibles changements du champ électromagnétique. Malgré tout, les travaux de Ikeya sont considérés avec prudence, voire sévérité, par une partie de la communauté scientifique occidentale.

Quel est le profil des chercheurs qui s'intéressent au comportement anormal des animaux ?

Le cas de **Ruppert Sheldrake** est très différent, voire opposé. Né en 1942, ce biologiste anglais de réputation très contestée, est connu pour ses travaux sur le développement des sens chez les animaux et les végétaux, mais aussi pour ses livres sur la télépathie et les perceptions extra-sensorielles. Tout au long de sa carrière, il a été au centre de violentes controverses et son intérêt marqué pour les phénomènes paranormaux l'a peu à peu exclu du système. S'intéressant aux pouvoirs surnaturels des animaux, il réalise plusieurs expériences, dont la plus célèbre consiste à montrer que les chiens savent quand leurs maîtres rentrent à la maison, quelles que soient les circonstances. Après quoi, il se penche sur les comportements anormaux des animaux avant les séismes. Hélas ! Les résultats sont peu convaincants, car l'approche de Sheldrake viole un principe fondamental de la démarche scientifique, suivant lequel la vérification d'une hypothèse ne peut pas se faire à partir d'une instruction à sens unique, que ce soit à charge ou à décharge.

Chez certaines espèces animales, c'est l'ouïe qui s'est spécialement affinée. Le spectre sonore qu'elles captent est fortement décalé vers le haut ou vers le bas, ce qui leur permet d'entendre « de loin » leur ennemi. Les chauves-souris et les insectes, par exemple, perçoivent des ultra-sons inaudibles pour l'être humain. Or, on sait, grâce à des expériences de

laboratoire, que les roches soumises à de fortes pressions, (comme c'est le cas lorsqu'un séisme se prépare), émettent des sons de très haute fréquence. C'est peut-être pour cette raison qu'au Sri Lanka, avant le séisme de décembre 2004, des témoins ont vu des milliers de chauves-souris quitter en plein jour, le fond de la grotte où elles étaient réfugiées, alors que ces animaux ne sortent normalement que la nuit. La perception des infra-sons serait plutôt le propre des éléphants. Ceux du Parc naturel de Yala qui ont fui leur réserve avant l'arrivée du tsunami ont peut-être perçu les sons de basse fréquence émis lors de la phase préparatoire. Reste qu'en admettant l'existence de ce sixième sens, d'autres questions continuent de se poser. Comment les animaux discernent-ils alors le « vrai » danger du « faux » quand on sait que la Terre est en permanence animée de petites secousses qui témoignent de l'activité de la croûte terrestre ? Les éléphants de Yala ont-ils fui avant, ou après, le séisme (par opposition au tsunami) ? Et pourquoi réagissent-ils alors de manière intelligente, le plus souvent adaptée au danger ? Mystère…
Quoique plausible (et très concevable d'un point de vue scientifique), cette capacité des animaux à percevoir des signes avant-coureurs est encore très peu considérée par les sismologues occidentaux. Le problème est que les scientifiques, qui ont repris à leur compte ces observations, se sont plus attachés à décrire les causes qu'à s'assurer de la réalité des faits ni des conditions dans lesquelles les observations avaient été faites, une négligence qui a discrédité leurs travaux. De ce fait, rares sont les pays où des chercheurs acceptent de travailler sur le sujet comme en Chine, où la population est formée à détecter et à signaler toute anomalie animalière, ou au Japon où des réseaux universitaires analysent le comportement des animaux, en particulier celui des poissons-chats. La très occidentale Association internationale de sismologie et de physique du globe (IASPEI) n'intègre même pas le comportement animal dans sa liste de précurseurs potentiels, considérant sans doute cela comme trop populaire ou folklorique. Et en France, le désintérêt est total. Pour preuve, cette anecdote. Dans leur excellent ouvrage par ailleurs, intitulé *Quand la terre tremblait* (éd. Odile Jacob), Emmanuela Guidoboni et le très éminent professeur Jean-Paul Poirier, membre de l'Académie des sciences, n'hésitent pas à ironiser : « *Faut-il compter le cas suivant parmi ceux de pressentiment sismique des animaux ? « Le 15 avril 1848, un tremblement de terre se manifesta à Sienne par une*

secousse légère, verticale et ondulatoire du Sud au Nord. Un professeur de l'université de Sienne, qui avait mal aux pieds depuis quelque temps, y ressentit un quart d'heure avant la secousse, une forte convulsion. » Un bon mot certes, mais en science, l'ironie facile n'a jamais rien fait avancer…

70 Un crapaud peut-il détecter un séisme ?

Le cas des crapauds de L'Aquila a de quoi intriguer. À 70 kilomètres de L'Aquila se trouve un lac connu pour être un lieu de reproduction intense des *Bufo bufo*, le crapaud commun le plus répandu en Europe. Après avoir hiberné d'octobre à mars, ces populations sortent en général à la fin mars et se reproduisent pendant plusieurs semaines. Hasard du calendrier : en avril 2009, une équipe britannique de l'Open University, dirigée par la biologiste Rachel Grant, était en train de mener une étude sur ces batraciens. Commencée le 1er avril, cette étude révèle des résultats pour le moins étonnants. Cinq jours avant le tremblement de terre qui a frappé L'Aquila le 6 avril à 3 h 30, les crapauds mâles ont commencé à déserter leurs sites de reproduction et leur nombre s'est brutalement réduit de 96 %. Un comportement totalement inhabituel car, normalement, une fois sortis pour se reproduire, ces crapauds restent actifs

Pendant la période de reproduction, les crapauds sont très occupés. Le mâle reste plusieurs jours sur la femelle, jusqu'à ce qu'elle soit prête à ovuler. Qu'est-ce qui a bien pu les déranger avant le séisme de L'Aquila ?

jusqu'à ce que la saison des amours soit terminée. Deux jours plus tard, le nombre d'accouplements est tombé à zéro. Que s'est-il passé ? Et quels types de changements environnementaux, ces crapauds ont-ils pu sentir ?
Les hypothèses sont nombreuses. Dans les jours qui ont précédé le séisme, la température à 15 kilomètres de la frayère a brutalement chuté de près de 10 °C. Pourquoi ? Difficile de le dire. Toujours est-il que cette seule anomalie thermique pourrait expliquer le départ des batraciens. D'autres explications tiennent à la possible émanation de gaz et de particules. Selon Friedemann Freund, géophysicien allemand à la NASA qui s'est intéressé de près à l'étude, les roches de la croûte terrestre, « stressées » par les variations de contraintes qui précèdent un séisme, relâchent des particules chargées qui réagissent avec l'air quand elles atteignent la surface de la Terre. Or, ces particules dans l'air sont réputées donner mal à la tête, créer des nausées et augmenter le niveau de sérotonine, une hormone du stress. Ces particules pourraient aussi intervenir dans les propriétés de l'eau du lac, en la transformant en peroxyde d'hydrogène, une substance toxique pour les animaux aquatiques. Incommodés, les animaux auraient tout simplement fait leurs bagages…
Le cas des crapauds de L'Aquila ne prouve pas le lien de causalité entre l'imminence du séisme et le comportement animal, mais il a l'avantage d'avoir été étudié en détail, *in situ*, au moment des faits. Pour la première fois, on a assisté, en temps réel, à un comportement inhabituel des animaux en l'observant, en le consignant et en quantifiant jour après jour le nombre des individus restant sur la frayère. Une avancée scientifique intéressante qui ne justifie toutefois pas de mettre un crapaud en bocal sur son bureau !

71 Y a-t-il eu des prévisions réussies ?

Oui, mais elles sont peu nombreuses. À la fin des années 1980, l'Association internationale de sismologie et de physique du globe a mis en place une commission chargée d'évaluer les différentes pistes de précurseurs, jusque-là revendiquées dans le monde et, à partir de là, les cas de prédictions réussies. Mais qu'est-ce qu'une prévision réussie ? Et sur quels critères affirme t-on qu'une prédiction sismique a été réussie ou pas ? En réalité, cette affirmation doit correspondre à un certain nombre de pré-requis extrêmement draconiens. Le premier est que les caractéristiques du bulletin d'alerte correspondent bien à l'évènement enregistré et que ces données soient les plus transparentes possibles. Il faut ensuite que le facteur « chance » soit éliminé, c'est-à-dire que les données analysées permettent d'éliminer tous les autres effets qui auraient pu engendrer les précurseurs observés. Autrement dit, il faut que la relation de cause à effet soit la plus directe possible.

Résultat ? À l'aune de ces critères extrêmement rigoureux, il n'y a, à ce jour, que deux cas de prévisions réussies (en dehors des quelques succès produits par la méthode VAN). Celle de Haicheng en 1975 et celle d'Izu-Oshima en 1978 au Japon. Et encore, les polémiques restent vives ! Car, quoique reposant sur un faisceau de précurseurs peu contestables, la décision d'évacuation de la province de Haicheng a également beaucoup dû à la chance. Faire évacuer ? Ne pas faire évacuer ? Il est clair qu'au jeu de pile ou face, les autorités chinoises ont eu le nez creux. Très critiquée en Occident, accusée d'avoir été surmédiatisée par les autorités chinoises par souci de propagande, la prédiction réussie de Haicheng reste une exception au firmament de l'histoire sismique.

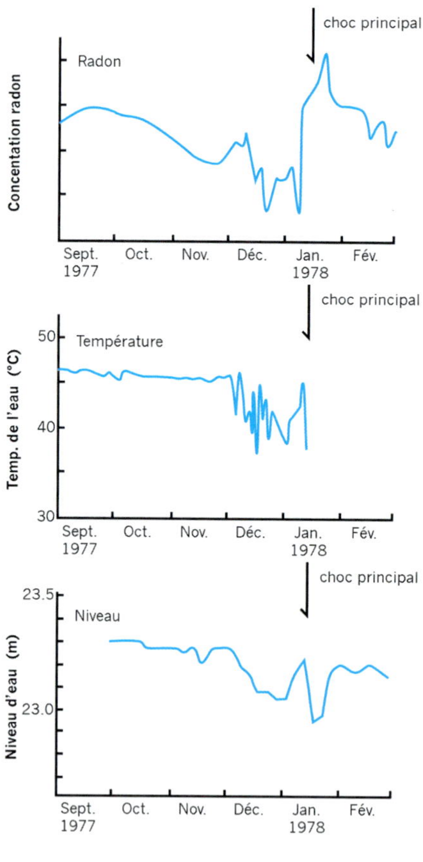

Signaux précurseurs enregistrés avant le séisme d'Izu-Oshima de 1978

La prédiction réussie d'Izu-Oshima en 1978 relève de la même concordance heureuse. Après avoir enregistré 18 petits séismes de magnitude 4.9 en l'espace de 3 heures sur la péninsule d'Izu, l'Agence de surveillance sismique japonaise a émis un avis d'alerte. Celui-ci disait en substance que les essaims observés étaient plus importants que ceux qui avaient précédé le séisme de 1964. « *Parce que cet essaim peut engendrer des dégâts, il est préférable de prendre les mesures nécessaires.* » Suite à ce bulletin, et à l'évacuation heureuse de la zone, les polémiques ont fait rage. Le bulletin n'annonçant pas explicitement qu'un séisme majeur succéderait à l'essaim observé mais qu'il pouvait y avoir « danger » si l'essaim se poursuivait, y avait-il eu réellement « alerte » ou simple « mise en garde » ? Dans la course à l'appartenance au club très restreint des « prévisions réussies », ce type de question a toute son importance.

72 Avec toutes ces observations, pourquoi est-il si difficile de prévoir ?

Parce qu'à ce jour, aucune piste n'est considérée comme suffisamment fiable pour établir « à coup sûr » une relation entre telle ou telle observation et la prévision d'un séisme. Pourquoi ? Tout d'abord, parce qu'un séisme est un événement unique (il n'y a pas deux séismes identiques) et rare. Faute d'un nombre suffisant d'observations concordantes et d'une bonne compréhension des mécanismes, il est extrêmement hasardeux de s'appuyer sur les signaux observés pour faire de la prévision fiable.

Ensuite, parce que le diagnostic des précurseurs est extrêmement difficile à faire. Comment en effet parvenir à distinguer « l'anomalie » du « bruit de fond » ? Comment arriver à extraire dans l'atmosphère, la variation électromagnétique « anormale » annonciatrice d'un séisme, de toutes les autres, liées à l'activité du soleil, aux perturbations météorologiques, etc. ? Et si tant est qu'on ait identifié l'intrus, comment faire le lien à coup sûr avec un séisme à venir ?

La troisième difficulté enfin, sans doute la plus grande, est qu'il est pratiquement impossible de savoir où et quoi regarder quand on n'a aucune idée de ce qu'il faut voir. Car comme le dit très justement le mathématicien René Thom « *Si on n'a pas le concept d'un objet, on ne le reconnaîtra pas* ».

73 Pourquoi peut-on prévoir les éruptions volcaniques et pas les séismes ?

Aujourd'hui, il est difficile d'imaginer qu'un volcan bien instrumenté entre en éruption sans qu'on l'ait prévu. Plusieurs raisons à cela. La première est qu'un volcan est un objet géologique bien circonscrit. C'est une montagne de quelques milliers de mètres de haut sur quelques dizaines de kilomètres de circonférence, que l'on peut ausculter par des méthodes dites de tomographie, comparables à celles que l'on met en œuvre pour l'imagerie médicale. La deuxième raison c'est qu'il n'y a aucune surprise possible sur le lieu de l'éruption. Elle aura toujours lieu par un conduit de cheminée et pas ailleurs. On est loin de la problématique sismique. Là où le vulcanologue concentrera toute sa surveillance sur un périmètre restreint, le sismologue, lui, sera toujours dans le doute.

Autre différence fondamentale, la clarté des signaux envoyés. Quand un volcan s'apprête à entrer en éruption, il se produit des remontées de fumée, de gaz, de fumerolles, des gargouillis, des bruits sourds comme si on frappait le plafond avec un balai, bref, toute une série de prémices annonciateurs. Les trois coups donnés, les capteurs hyper-sophistiqués permettent même de suivre la remontée du magma en temps réel à l'intérieur de la cheminée !

Dernière grande différence entre prédiction sismique et prédiction volcanique, l'impact de l'alerte. Il semblerait en effet que la communauté scientifique, les autorités et les populations soient beaucoup plus indulgentes à l'égard d'une fausse alerte volcanique que sismique. On sait, par exemple, qu'un départ de lave peut s'interrompre, la lave restant bloquée à l'intérieur de la cheminée avant de redescendre sans avoir donné lieu à une éruption. Le processus étant mieux connu, la notion d'erreur est du même coup mieux acceptée.

La relation qui existe entre la montée en temps réel du magma et la probabilité d'une éruption est également beaucoup plus directe. Une connexion qui n'existe pas pour les séismes. L'exemple du séisme de L'Aquila en est une bonne illustration. Peu avant le choc principal, toute une série d'observations avaient montré que quelque chose d'anormal était en train de se passer. Même si personne ne pouvait conclure à l'imminence d'un séisme, les indications inquiétantes étaient là et les autorités italiennes auraient eu, après coup, de quoi justifier l'évacuation même en l'absence de séisme. Mais elles ne l'ont pas ordonnée, car aucun expert n'est aujourd'hui à même d'expliquer les relations entre le surcroît d'activité sismique et l'occurrence d'un séisme majeur.

Même s'il s'agit dans les deux cas de probabilité, les choses sont plus compliquées pour les séismes parce que les connaissances sont moindres et la certitude toujours absente.

74 Pourquoi y arrive-t-on avec la météo mais pas avec les séismes ?

La première différence entre prévision météo et prévision sismique tient au fait que les propriétés physiques sont bien mieux connues en météorologie qu'en sismologie. Alors que la météo est régie par trois paramètres accessibles à la mesure directe, la température de l'air, la pression atmosphérique et la teneur en vapeur d'eau (trois éléments directement accessibles à la mesure et relativement faciles à calculer), la sismologie, elle, n'offre rien de tel. Certes, les lois physiques sont les mêmes et on les connaît, (ce sont les lois fondamentales de la mécanique, etc.) mais ce qu'on ne connaît pas en sismologie, c'est la rhéologie, c'est-à-dire la loi de comportement des matériaux et la façon dont cette loi va s'appliquer à l'intérieur de la Terre. En météo, on sait mesurer les différents paramètres et on peut pratiquer « l'assimilation » consistant à corriger le tir des prévisions en temps réel au fur et à mesure de l'arrivée des données. Une faculté que la sismologie n'a évidemment pas.

Autre différence majeure entre les deux disciplines, la fréquence des évènements. Alors que la météo peut s'exercer et s'affiner en permanence, la sismologie concerne des évènements extrêmement rares qui ne peuvent être étudiés qu'une fois produits. Et encore, faut-il avoir été là au bon moment et au bon endroit ! Comparée à la prévision météo, la prévision sismique est encore dans un épais brouillard...

Enfin, la météo est une discipline dont les enjeux impactent toutes les activités humaines. Savoir prédire le temps à quelques jours est aujourd'hui devenu une nécessité quasi vitale dans bon nombre de secteurs, l'économie, l'agriculture, le tourisme, l'armée, le transport aérien, maritime, routier... Les États, qui ont compris cela depuis longtemps, ont investi des sommes considérables dans la prévision météorologique. Et pas seulement sur leur territoire ! La météorologie implique toute une mutualisation de moyens, des capteurs sans frontières, une couverture satellitaire planétaire, bref, une organisation globale de tous les systèmes d'observations. Ces investissements sont tels que tout aléa météo imprévu est désormais vécu comme une crise dont on tient le gouvernement pour responsable. Pour preuve, les épisodes neigeux de ces dernières années...

75 Arriver à prévoir, est-ce vraiment utile ?

Quoique surprenante, la question est un vrai débat entre sismologues. Avec ses défenseurs et ses détracteurs farouches.
D'un côté, les partisans de l'intérêt de la recherche en matière de prédiction à court terme. Ce sont en général les physiciens. De l'autre, les sceptiques, sismologues pour la plupart, pour lesquels celle-ci est vaine, la plus fiable des prévisions ne pouvant empêcher les ponts de s'effondrer, les immeubles de s'écrouler, les trains de dérailler. Alors, à quoi bon dépenser tant d'argent ? Mieux vaut investir dans la prévention, l'éducation, le renforcement du bâti existant et les constructions parasismiques. Sans donner raison à ces « à-quoi-bonistes », on peut en effet émettre des doutes sur l'intérêt d'une recherche qui, ne pourra jamais aboutir à des résultats fiables. Et se poser la question. Est-il légitime, compte tenu de toutes les incertitudes, de continuer à vouloir prédire surtout quand on connaît le coût des fausses alertes ?
Les moins sceptiques répondent qu'à défaut de servir à court terme, la recherche sur les signes précurseurs peut au moins apporter des éléments nouveaux dans la compréhension globale des phénomènes sismiques. Et de fait. Le problème de la prédiction sismique à court terme ne résulte pas d'un problème technique (comme la prévision des tornades ou des tsunamis) mais d'un véritable manque de connaissances fondamentales.

Immeuble effondré suite au séisme de 2003 à Boumerdès (Algérie). Au-delà de la prévision, la première mesure à prendre est de construire selon des normes parasismiques

Tohoku et Fukushima, le drame japonais du 11 mars 2011

76 L'École japonaise, victime du mythe de Tokai ?

L'École japonaise de sismologie est probablement l'une des plus anciennes du monde. Et le Japon, l'un des pays les plus instrumentés de la planète ! Au Japon, les séismes sont comme inscrits dans les gênes de l'archipel. Il suffit de regarder une carte pour comprendre. Le pays est situé au point de rencontre de quatre plaques tectoniques, et la capitale, Tokyo, se situe à la jonction de trois zones de subduction ! Au nord de Tokyo, la plaque du Pacifique s'enfonce sous les plaques d'Eurasie et d'Okhotsk en glissant le long de la fosse du Japon à raison de 9 centimètres par an. Au sud-ouest de Tokyo, c'est la plaque des Philippines qui s'enfonce sous l'archipel, le long de la fosse de Nankai, à raison de 4 centimètres par an. Si le séisme du 11 mars 2011 est le plus violent que le pays ait connu depuis 140 ans, le Japon est un habitué des tremblements de terre et des catastrophes naturelles. Typhons et glissements de terrain, éruptions volcaniques, séismes et tsunamis se sont succédé de tous temps. Depuis un siècle, le Japon a connu 119 séismes d'une magnitude supérieure à 7, dont 65 meurtriers. Coincée sur la frange côtière d'un archipel accidenté et montagneux en son centre, la population n'a jamais eu d'autre choix que de reconstruire sur place. Et elle y a toujours réussi.

De nombreux séismes ont marqué les esprits. Celui de Kanto, à l'est de Tokyo en 1923 reste le plus meurtrier. Survenu à l'heure du déjeuner quand de nombreux feux étaient allumés dans les cuisines, ce séisme de magnitude estimée de 7.9 à 8.3 a provoqué de gigantesques incendies. Près de 700 000 habitations ont été détruites dans la région de Tokyo et de Yokohama et environ 140 000 personnes ont perdu la vie dans cette catastrophe. Celui de Kobé, en 1995, a lui aussi dévasté la ville en raison de la proximité de la faille, située sous la ville, de la densité de l'urbanisme et des effets secondaires, comme la liquéfaction des sols. D'autres séismes antérieurs ont eux aussi traumatisé le pays. Celui du 15 juin 1896 a longtemps été considéré comme le plus intense de toute l'histoire du Japon. D'une magnitude de 8.5, il avait provoqué un tsunami gigantesque de 25 mètres de haut qui avait dévasté le port de Sanriku, non loin de Sendai, et tué 22 000 personnes.

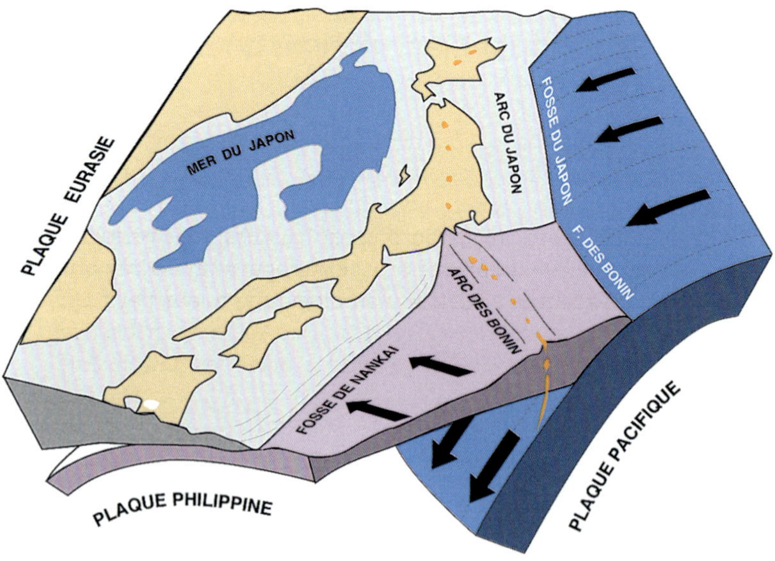

Les plaques tectoniques en présence dans l'archipel du Japon

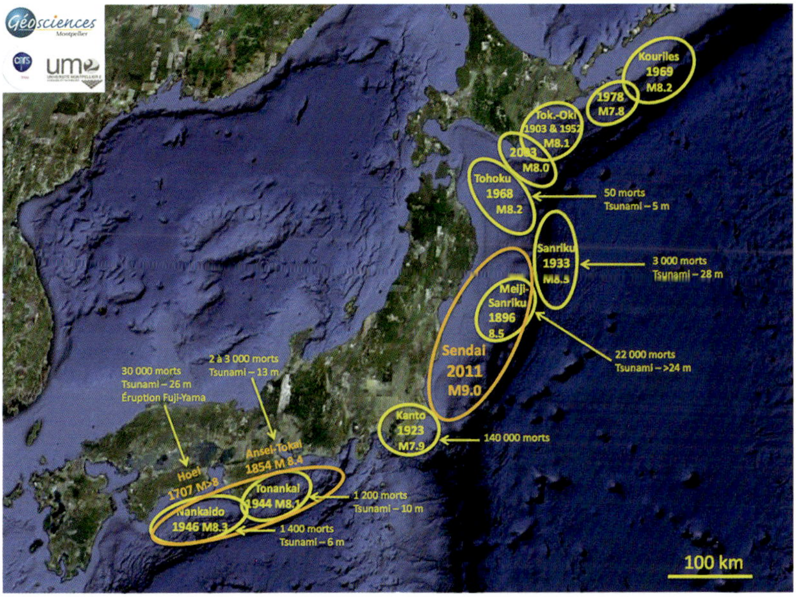

Carte des ruptures historiques le long des fosses bordant l'archipel, depuis 1707

Profondément forgé par sa condition sismique, le Japon a été l'un des premiers pays à créer une institution entièrement dévolue à la surveillance sismique. Dès le début de l'ère instrumentale, le Japon se dote de ce qui deviendra rapidement un des meilleurs réseaux d'observations sismiques du monde et fonde l'Agence météorologique japonaise qui, depuis 1895, a la charge d'enregistrer tous les phénomènes naturels maritimes, météorologiques et sismiques affectant l'archipel. L'avènement de la théorie de la tectonique des plaques, dans les années 1960, a été, au Japon plus qu'ailleurs, une véritable révélation, car elle a apporté aux sismologues un cadre pour comprendre enfin la situation sismologique de leur pays. Un archipel formant un arc d'îles volcaniques, en permanence secoué par les séismes. Ils ont alors investi les moindres recoins de la théorie avec une focalisation particulière sur le modèle des lacunes sismiques et la notion de « séisme caractéristique ». À telle région, tel séisme. L'idée est très simple. Les zones sismiques n'ayant pas bougé depuis longtemps (depuis un temps supérieur à la période de récurrence) constituent une lacune sismique, sous la menace d'un tremblement de terre majeur dont les caractéristiques seraient *a priori* connues.

À partir de là, les Japonais ont entièrement fondé leur politique dès les années 70 sur l'idée que la côte sud-ouest de l'île de Honshu – la « Grande île », en Japonais - était dans une lacune sismique, sous la menace de séismes caractéristiques, comparables à ceux qui s'étaient produits par le passé dans la fosse de Nankai. Les segments dits de « Tonankai » et de « Nankai » avaient rompu en décembre 1944 et en décembre 1946. Celui de « Tokai » (au sud de la ville de Tokyo), n'ayant pas rompu depuis 1854, avait donc une forte probabilité de casser prochainement. Si le raisonnement est logique, il ne peut pas être exclusif. Alors même que de nombreux séismes de magnitude supérieure à 8, suivis de tsunamis, étaient connus pour avoir déjà touché l'est et le nord-est de Tokyo, la communauté scientifique japonaise a focalisé la surveillance sur la bordure côtière au sud-ouest de Tokyo. Elle était convaincue qu'il existe dans cette région une récurrence sismique de l'ordre de 120 à 140 ans, des certitudes qui ne reposaient que sur une seule séquence ou presque ! Le segment de faille dit de « Tokai » ayant cassé lors d'un séisme en 1707 et un deuxième en 1854, la troisième rupture devait intervenir incessamment ! Forte de cette conviction, l'Agence météorologique japonaise est même

La culture de la catastrophe

Au Japon, le risque et la culture de la catastrophe en général font partie intégrante de la vie, des mentalités et de l'organisation de la société.
Depuis longtemps, les autorités ont mis en œuvre des politiques de prévention ou de préparation aux séismes. Dans l'urbanisme, avec des constructions antisismiques parmi les plus efficaces au monde. Dans l'éducation et l'information des populations, à travers des rituels de comportements enseignés dès le plus jeune âge et des exercices annuels de prévention organisés le 1er septembre de chaque année à la date anniversaire du séisme de Kanto.
Ces bonnes pratiques, apprises dès l'enfance, sont tellement prégnantes, aux dires des expatriés, qu'elles restent ancrées dans le cerveau des ressortissants, même à des milliers de kilomètres de l'archipel. Ces réflexes ont d'ailleurs beaucoup servi aux touristes japonais (et à leurs voisins) en 2004 en Thaïlande.
Outre l'éducation ou la construction, c'est aussi toute la pensée et la culture japonaises qui sont truffées de références à la fin du monde. Cinéma, BD, jeux vidéo, mangas... Mais à la différence de l'Occident chrétien et de sa vision de la fin du monde, l'archipel bouddhiste est, lui, tout entier centré sur le cycle de la vie. L'apocalypse *made in Japan* n'a rien de définitif et c'est à l'homme de sans cesse reconstruire son avenir...

parvenue à faire promulguer une loi en 1978 lui donnant mandat de maintenir un réseau exclusif de surveillance 24 h/24 pour détecter les signes avant-coureurs du prochain « séisme de Tokai ». Tous les ans, le 1er septembre, date anniversaire du séisme de Kanto de 1923, des exercices ont lieu pour simuler le séisme de Tokai. Même le séisme ravageur de Kobé en 1995, qui aurait pourtant dû condamner définitivement le modèle de « séisme caractéristique », n'a pas remis en cause ce système de pensée unique.
Difficile de comprendre, venant de ce pays d'excellence sismologique, une telle fascination pour ce que certains scientifiques, dont Robert Geller, un sismologue américain travaillant au Japon, appellent désormais le « mythe de Tokai ».

77 Pouvait-on prévoir le séisme de Tohoku ?

Le méga séisme de magnitude 9, suivi du méga tsunami du 11 mars 2011, est venu frapper le pays qui possède le réseau d'observations géophysiques le plus dense du monde, le système d'alerte sismique le plus rapide et le plus élaboré de la planète et les plus grandes barrières anti-tsunami de toutes les mers... Un pays où, de surcroît, la population a le meilleur entraînement et la plus grande expérience des séismes, où le niveau scientifique est des plus élevés et où la gestion des catastrophes est une préoccupation majeure des pouvoirs publics. Alors comment expliquer le désastre et pouvait-on prévoir un tel séisme ?... Au vu des données disponibles avant le 11 mars 2011, la réponse est claire. Si on ne pouvait pas prévoir la date du séisme, on pouvait en prévoir l'ampleur. Et pourtant, la violence du séisme, et sa conjonction avec un tsunami dévastateur, a surpris de nombreux scientifiques japonais convaincus qu'un tremblement de terre de cette magnitude ne pouvait avoir lieu dans cette région.
On connaissait certes la dangerosité de cette zone. Mais jusqu'au 11 mars 2011, on pensait que des glissements répétés de la plaque du Pacifique après des séismes « moyens » pour la région (c'est-à-dire de magnitude inférieure à 8) suffisaient à relâcher une bonne partie de l'énergie accumulée et à éviter ainsi le séisme géant que tous redoutaient. La raison tient moins à la géologie des lieux qu'à l'idée qu'on s'était faite du fonctionnement des méga-séismes. À partir de ce que l'on

connaissait des méga séismes du XXe siècle (Chili en 1960 et Alaska en 1964), un modèle avait été établi par d'éminents savants suivant lequel ce genre de séismes, extrêmement violents, ne se produisait que dans les endroits où la croûte océanique, plus jeune et donc plus légère, tente avec difficulté de s'enfoncer dans le manteau. Or, la zone qui a rompu au large du Nord-Est du Japon ressortait justement d'un contexte différent. On était là en présence de croûtes plus anciennes, plus froides et plus denses, censées glisser bien plus facilement en profondeur et ne provoquer que des séismes inférieurs à la magnitude 8. Les Japonais se sont raccrochés à cette idée, même s'ils savaient que la fosse des Kouriles, comparable à celle du Japon, subissait de très grands séismes, de magnitude 8.5 et plus. L'histoire récente de la région de Sendai a été mise à profit (abusivement, peut-on dire après coup) pour la conforter. Au cours du XXe siècle, la zone de subduction au large de cette côte avait généré des séismes pouvant aller jusqu'à 8, mais sans jamais approcher la magnitude 9. L'erreur était de penser que la seule sismicité historique de l'archipel suffisait à déterminer les séismes caractéristiques.
Cette sous-estimation semble également liée au fait que tous les scenarii envisagés partaient du principe que cette portion de plaque devait rompre en plusieurs morceaux, au cours de plusieurs séismes indépendants espacés dans le temps et non en un seul événement. Cette idée s'appuyait, d'une part, sur la géométrie complexe du plan de subduction mais, d'autre part, surtout sur l'historique sismique de la région fait de répétions de séismes de magnitude comprise entre 7 et 8. Une grave erreur d'interprétation là-aussi. Et pour cause ! Le modèle était bâti à partir d'un seul siècle d'observations, un confetti à l'échelle du temps géologique !
Plusieurs indices auraient par ailleurs pu mettre les experts en alerte. À commencer par le séisme géant de Sumatra qui, lui aussi, avait surpris par son ampleur alors que l'âge de la croûte de subduction de la région, également assez ancienne, semblait exclure la possibilité d'une telle violence sismique. Des études géodésiques récentes avaient par ailleurs montré que la région de Sendai était de plus en plus enserrée, comme dans un étau, du fait des mouvements des plaques tectoniques. Un indice avait même plaidé en faveur d'une rupture prochaine violente. Le réseau GPS installé en 1994 sur la faille avait montré que la zone ne se déplaçait plus du tout. La plaque du Pacifique était bloquée et ne glissait plus en douceur sous le Japon, entre

deux séismes, comme les sismologues japonais l'avaient cru pendant des années. En d'autres termes, la zone de subduction encaissait chaque année, de l'ordre de 8 centimètres de convergence ! Du coup, le Japon se chargeait comme un ressort, un ressort qui ne pouvait générer qu'un séisme extrêmement destructeur, (si tant est qu'un seul suffise à libérer la totalité de la pression accumulée). Et de fait. La faille qui a cassé, a cédé sur près de 600 kilomètres de long et 30 kilomètres de largeur et fait plonger la plaque du Pacifique sous l'île d'Honshu de 17 mètres en moyenne (jusqu'à 60 mètres en

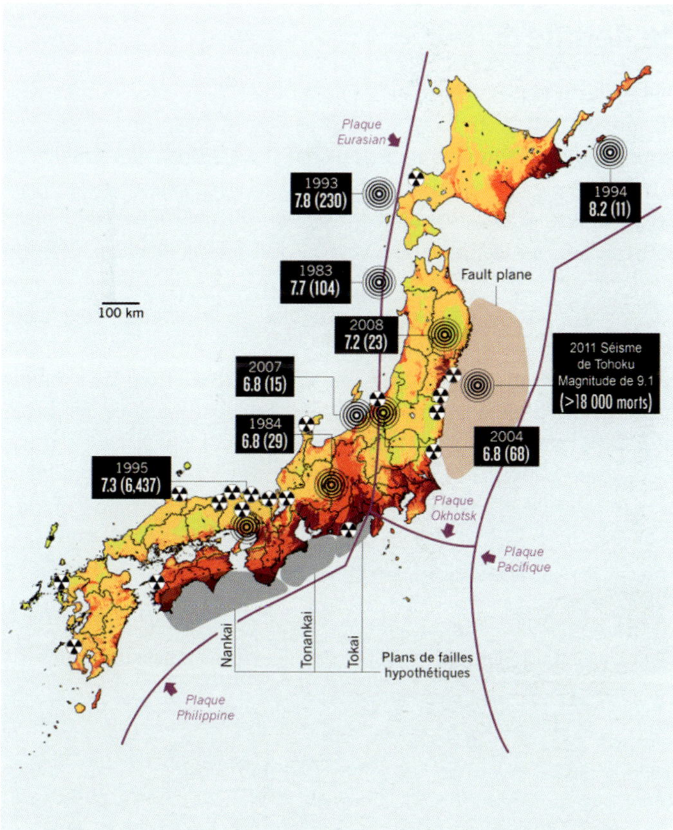

Carte des risques sismiques publiée chaque année par les autorités japonaises. Aucun des séismes meurtriers (ayant fait plus de 10 morts) depuis 1979 n'a eu lieu dans les zones rouges, où le risque estimé est maximum. Les symboles en forme de réacteurs indiquent la position des centrales nucléaires implantées au Japon. Noter qu'une centrale a été construite dans la zone de Tokai malgré tout

certains endroits) ! Une violence inouïe qui permet d'affirmer que l'énergie libérée a dû correspondre à plusieurs siècles de blocage.

Facteur inquiétant. En cassant, la faille pourrait avoir accru le risque de rupture d'autres portions de failles. Certains chercheurs pensent en effet que ce séisme pourrait favoriser le déclenchement futur d'un autre séisme majeur sur un tronçon adjacent de la subduction du Japon, notamment au sud-ouest de Tokyo où le « Big One » est attendu depuis plusieurs années.

78 Pourquoi le tsunami a-t-il fait autant de dégâts ?

Le tsunami du 11 mars 2011 est loin d'être le premier à avoir affecté cette région du Japon. Le catalogue des tsunamis historiques qui ont déjà frappé la zone est l'un des mieux renseignés du monde. Selon l'INSU (Institut national des sciences de l'univers), les séismes associés à des tsunamis meurtriers sont connus depuis longtemps au nord de l'île de Honshu. Depuis 1611, on en a recensé plus de 15 et l'on sait que les vagues ont souvent dépassé les 20 mètres, voire 40 mètres en certains endroits.

Outre l'entêtement à penser que la zone de Sendai ne pouvait pas être exposée à un méga séisme de magnitude 9, les autorités japonaises ont ignoré la réalité, à savoir qu'il y a eu, dans

La ville de Minami Sanriku après le tsunami du 11 mars 2011

les 115 dernières années, deux séismes ayant engendré des vagues de plus de 20 mètres sur la côte est de Honshu. Le premier qui a eu lieu le 15 juin 1896 a connu une vague de 25 mètres qui a fait 26 000 morts. Le second, le 2 mars 1933 lors du séisme de Sanriku, a engendré une vague de 31 mètres et fait 3 000 morts. Cette réalité était parfaitement connue.
On savait par ailleurs que les séismes les plus importants, depuis cinquante ans, sont tous à l'origine de tsunamis majeurs qui dévastent les côtes proches de l'épicentre. Et pourtant ! Le tsunami du 11 mars qui a atteint des hauteurs de 10 à 14 mètres, voire 23 mètres en certains endroits, n'a rencontré que des moyens de protection, de l'ordre de 6 ou 10 mètres seulement ! À Tokyo, les digues de 3 mètres n'ont pu retenir la vague qui s'est propagée jusqu'à plus de 10 kilomètres à l'intérieur des terres... À partir de là, il paraît incompréhensible que les Japonais, à la pointe de la recherche et de la modélisation sur les tsunamis, n'aient pas évalué les risques sur l'ensemble de leurs côtes.

79 Les bâtiments ont-ils résisté au choc ?

Oui, car sans normes parasismiques, cela aurait été bien pire. Globalement, les constructions ont bien résisté aux vibrations sismiques et les dégâts ont surtout été dus au tsunami. À ce titre, il s'agit d'un succès majeur pour les ingénieurs. Et le résultat des investissements massifs faits par les autorités japonaises dans le domaine de l'ingénierie parasismique.
À l'inverse d'Haïti en 2012 ou de Mexico en 1985, aucun grand bâtiment ne s'est vraiment effondré sur lui-même. Tokyo a vu ses gratte-ciel tanguer, mais pas s'écrouler ! La qualité de la construction est évidemment la raison principale, en particulier pour les grands édifices publics, hôpitaux, écoles, bureaux où des règles antisismiques contraignantes et souvent draconiennes sont appliquées. Sans aller jusqu'à de telles normes, la plupart des bâtiments japonais doivent répondre à des critères de « non-effondrement », visant à ce que le bâtiment reste au moins debout pendant la secousse, quitte à être détruit par la suite.
Autre facteur pouvant expliquer la modération des dégâts, l'utilisation massive du bois. Près de 50 % des maisons japonaises sont en bois. Un matériau qui résiste beaucoup mieux aux tremblements de terre que le béton. Reste que tout le pays

n'est pas à la même enseigne et de nombreux quartiers anciens restent encore sous-équipés. Ce sont d'ailleurs dans ces quartiers qu'on a répertorié le plus de destructions.

La localisation du séisme est une autre explication des moindres dégâts. Ici, il semble que l'épicentre ait pris naissance à une profondeur de l'ordre de 30 à 50 kilomètres et à 130 kilomètres des côtes japonaises. Or, la distance et la profondeur sont des facteurs de premier ordre dans la destruction. Malgré une moindre magnitude, un séisme comme celui d'Haïti, qui conjuguait superficialité, proche distance et précarité des constructions a créé bien plus de dégâts matériels que celui du Japon.

Enfin, on a beaucoup dit que c'était la vague qui, en venant noyer et endommager l'installation électrique des systèmes de secours censés prendre le relais en cas de catastrophe, avait empêché le refroidissement des réacteurs et fait perdre à la centrale tout contrôle de son fonctionnement. La vague seule et pas le séisme. La preuve. Toutes les autres centrales nucléaires du Japon se sont automatiquement arrêtées aux premières secousses du séisme et il n'y a pas eu d'incident grave. Selon certains articles de presse, cette affirmation semblerait devoir être nuancée. Des détériorations sérieuses sur les conduits de refroidissement de l'un au moins des réacteurs se seraient produites avant la survenue du tsunami. Une révélation qui, si elle s'avérait vraie, aurait des conséquences considérables ! Car, s'il est possible d'expliquer à des populations que l'on fera mieux la prochaine fois en termes de hauteur de mur anti-tsunami, il est en revanche nettement plus difficile d'expliquer que les centrales nucléaires du pays sont vulnérables aux séismes ! À moins de les fermer toutes, une solution inenvisageable par le gouvernement nippon. En l'absence de certitude et de vérification des sources, il est toutefois difficile d'aller plus loin sur le sujet.

80 Les systèmes d'alerte ont-ils bien fonctionné ?

Oui. Que ce soit l'alerte au tsunami ou les alertes post-sismiques permettant de couper les réseaux d'eau, d'électricité et de gaz avant l'arrivée de la secousse, le système a globalement fonctionné. Dès la première secousse, l'Agence météorologique japonaise a identifié qu'il s'agissait d'un séisme majeur et a immédiatement émis un avis d'alerte au tsunami maximum,

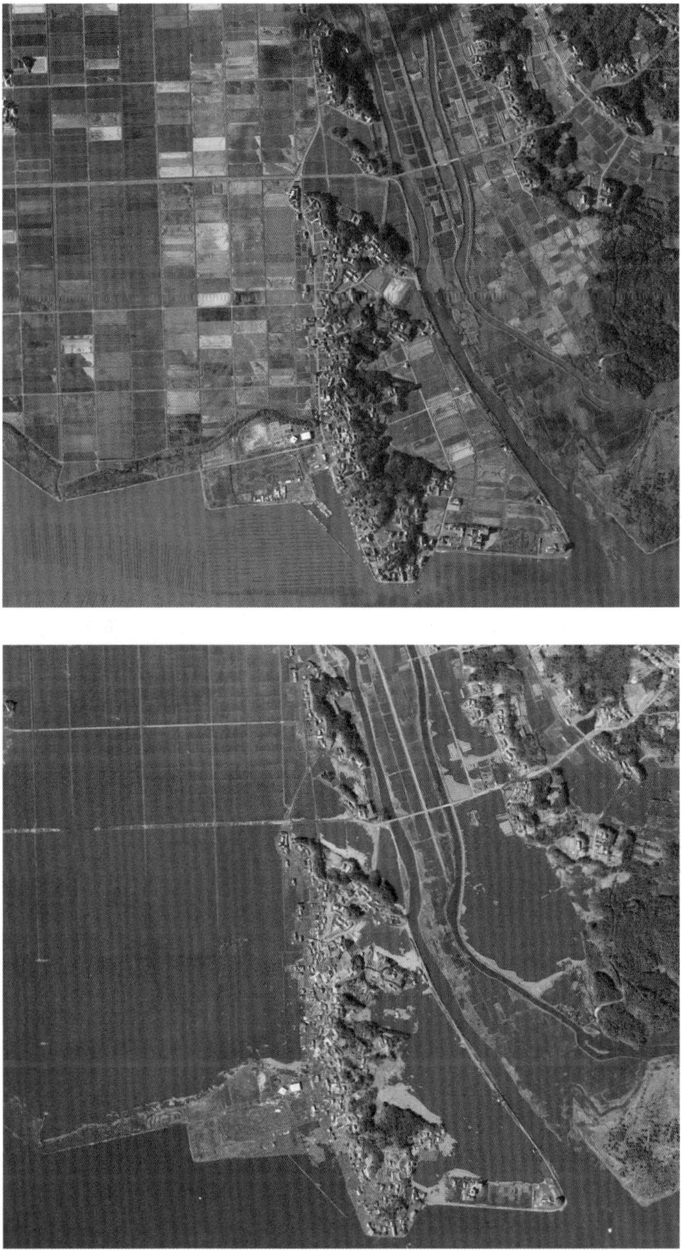

Photos prises par le satellite GeoEye de la ville de Minami Sanriku.
Avant le tsunami (en haut) et 24 heures après (en bas) le reflux.
Les vagues ont ici atteint 10 mètres de hauteur et ont pénétré jusqu'à
10 kilomètres à l'intérieur des terres

puis a réactualisé en permanence les informations fournies sur la nature du danger. Ceci explique en partie le relativement « faible » nombre de victimes japonaises (de l'ordre de 23 000) contre plus de 220 000 morts en Asie lors du séisme de décembre 2004. Et encore ! On aurait probablement pu atténuer ce chiffre si la proximité de l'épicentre par rapport à la côte n'avait pas laissé un temps d'évacuation aussi court : de quinze minutes à une heure selon les endroits entre la secousse sismique et l'arrivée du tsunami. Pas grand-chose, quand il faut évacuer des écoles, des bureaux ou des hôpitaux ! Mais dans un pays surentraîné comme le Japon, cela a suffi à sauver des milliers de vies. La preuve, cette anecdote rapportée du *Chikyu*, un bateau de forage scientifique qui était mouillé à Hachinohe au moment de l'alerte. Cet énorme bateau de recherche avait à son bord des dizaines d'enfants en visite scolaire ce jour-là. Dès qu'il a entendu l'alerte au tsunami, le commandant du bateau a levé les amarres et pris le large en sauvant du même coup des dizaines de vies. Le premier système d'alerte, finalement, c'est bien l'individu.

81 Pourquoi la centrale de Fukushima n'était-elle pas mieux protégée contre les tsunamis ?

Lorsqu'on analyse scientifiquement les données disponibles au moment où les décisions ont été prises, on a du mal à comprendre. Cette centrale a été construite dans les années 60. À cette époque, il est vrai, la découverte de la tectonique des plaques et de son incidence sur le mécanisme des séismes était encore balbutiante. Proposée par Wegener en 1912, elle ne sera effectivement prouvée qu'en 1968, et ce n'est donc qu'à partir de cette date qu'on a pu calculer les magnitudes probables sur une autre base que la simple répétition d'événements connus. Il reste, cependant, que quelques années avant la construction des centrales, les deux plus gros séismes de l'histoire moderne avaient déjà eu lieu, au Chili de magnitude 9.5 en 1960 et en Alaska de magnitude 9.2 en 1964. Le premier avait généré un tsunami de plus de 25 mètres de haut, le second, une vague de 15 mètres ! On savait donc, dès les années 60, que des séismes de magnitude supérieure à 9 étaient possibles et qu'ils pouvaient affecter les zones périphériques de la plaque du Pacifique.

Centrale de Fukushima. Photos prises par les caméras de surveillance

Les autorités japonaises avaient bien envisagé l'éventualité d'un tsunami mais dont la hauteur n'aurait pas dépassé 6 mètres alors que la vague du 11 mars 2011 a dépassé les 20 mètres ! En 2008, TEPCO (Tokyo Electric Power) avait même simulé une vague de plus de 15 mètres atteignant le site de Fukushima, mais sans prendre aucune initiative, jugeant la probabilité d'un tsunami aussi puissant, quasi nulle. L'organisme de régulation nucléaire du gouvernement, qui a pourtant reçu ces études, n'a pas davantage demandé à TEPCO de prendre des mesures précises. Une réaction d'autant plus

incompréhensible que l'histoire sismique de la zone, sur plusieurs siècles, avait déjà enregistré des vagues d'une telle hauteur ! Tous, sur la côte est de Honshu...
Alors comment expliquer ? Même si l'on ne connaissait pas en 1960 l'origine tectonique d'un évènement ou son mécanisme sismique, le simple fait qu'il y ait eu des vagues de plus 20 mètres dans les cent dernières années, aurait dû suffire à ne pas construire une centrale nucléaire à cet endroit-là. Qui plus est avec des murs de 6 mètres de haut seulement !

82 La communauté scientifique japonaise a-t-elle failli ?

Pour Robert J. Geller, sismologue américain travaillant à Tokyo et fin connaisseur de la culture japonaise, la réponse est oui. « *Le séisme du 11 mars 2011 n'a pas seulement profondément secoué le Japon, mais aussi toute la sismologie japonaise* » écrit-il dans la revue *Nature* en avril 2011. C'est à la fois le dogmatisme de la recherche et le fonctionnement de la société japonaise qui ont été profondément remis en cause par ce séisme. Depuis 1975, les sismologues japonais fonctionnaient en effet sur un modèle qui a peu à peu été érigé en vérité absolue. La plupart étaient persuadés que l'aléa sismique à venir pouvait être établi de manière rationnelle à partir de la définition de séismes caractéristiques de chaque zone. Ils en avaient tiré une sorte de modèle « prédictif », quasi dogmatique, établissant que, pour tel type de zone de subduction, on obtenait telle magnitude maximum et telle hauteur maximum de vague de tsunami. Une aberration, quand on connaît toute la difficulté de la prévision sismique. Sur la base de ce postulat, la communauté scientifique japonaise s'était persuadée que toute la côte est de l'île de Honshu au nord de Tokyo était à l'abri d'un séisme de magnitude 9 à l'opposé de la partie sud, plus vulnérable. La raison principale invoquée étant que le glissement entre les plaques du Pacifique et d'Eurasie se faisait de manière relativement « asismique », c'est-à-dire lentement et sans grands à-coups. Cette hypothèse admise, le séisme type de la région de Sendai ne pouvait pas dépasser la magnitude 8 à 8.5 et les tsunamis 4 ou 5 mètres de haut !

Robert Geller, sismologue américain, avait depuis longtemps pointé du doigt les incohérences des cartes d'aléa sismique utilisées par les autorités japonaises

L'erreur majeure a consisté à asseoir cette théorie du « séisme type » à partir d'un très petit nombre de séismes de l'ère pré-instrumentale et du seul dernier siècle instrumenté. Le régime « type » de sismicité, fait d'une alternance de petits séismes et de séismes de magnitude 7 ou 8, permettait de conclure, que l'énergie élastique emmagasinée était libérée par ces séismes « moyens », sans avoir recours à des méga séismes de magnitude 9.
Cette erreur est d'autant plus incompréhensible que des voix dissidentes avaient cherché à se faire entendre au Japon même, en particulier sur l'existence de méga tsunamis bien antérieurs au siècle passé. L'installation de stations GPS en 1994 avait également permis de s'apercevoir que la plaque plongeante ne glissait plus du tout en dehors des quelques relaxations locales. Compte tenu de la connaissance que l'on avait sur la récurrence de ces méga séismes, personne ne pouvait donc écarter la survenue d'un évènement de cette ampleur. Face à ce consensus bien organisé, certains géologues japonais ont pris la parole publiquement pour s'opposer à ce modèle prédictif. Mais, faute d'appui assez solide dans la communauté scientifique, ils n'ont pas réussi à faire émerger un message univoque en direction des autorités politiques et de la société. Et pour cause ! Pendant 25 ans, la communauté sismologique japonaise et internationale, à quelques exceptions près, a suivi aveuglément le modèle proposé, en tentant même de l'affiner sans fin, sans jamais le remettre en cause.
Trois raisons peuvent expliquer ce consensus. La première tient au fait que le modèle a été proposé par des sismologues âgés et respectés. Au Japon, le respect de l'âge et de la hiérarchie sont des valeurs essentielles du Code de conduite social. On ne critique pas un chef, on n'écrit pas d'opinion minoritaire dans un rapport, on n'informe pas un journaliste par une fuite « malencontreuse » et on ne démissionne pas avec fracas d'un comité. La deuxième s'explique par le comportement peu imaginatif et « panurgien » d'une bonne partie de la communauté scientifique en général, au Japon comme ailleurs. La troisième est que ce modèle arrangeait tout le monde. Pouvoirs publics, industriels du nucléaire et scientifiques. Il permettait de mobiliser des moyens massifs d'observation dans la région de Tokyo et au sud de Honshu en attente du « méga séisme » de Nankai, Tonankai ou Tokai, tout en implantant des centrales nucléaires sur la bordure côtière au nord de Honshu, là où c'était plus facile de les installer. Les autorités japonaises y

trouvant leur compte, les scientifiques n'avaient aucune difficulté à trouver des financements. Quant aux sismologues japonais qui se sont opposés à l'utilisation de ce modèle, ils n'ont pas été écoutés ou pire, ils ont été marginalisés.

Alors, succession d'erreurs scientifiques graves ? Problèmes d'organisation sociale et de gouvernance des autorités japonaises ? Le séisme du 11 mars est probablement la conséquence de tout cela. Il illustre en tous cas, de manière dramatique, le besoin d'une recherche fondamentale indépendante, objective, seule garante d'une politique de gestion des risques efficace sur le long terme. Il traduit également les questions essentielles qui se posent au scientifique. Jusqu'où doit-il aller pour faire en sorte que les autorités prennent en compte le résultat de ses travaux ? Doit-il se contenter de publier ses résultats dans des journaux scientifiques ou s'engager dans le combat politique ? En France, le scandale des algues vertes est comparable, à bien des égards dans ses ressorts profonds. Cela fait vingt ans que l'on sait que cette pollution qui souille le littoral breton est due aux rejets d'azote des élevages porcins. Et cela fait vingt ans que les autorités, sous la pression des *lobbies* agricoles, ne font rien ou cherchent à gagner du temps en finançant des études, dites « complémentaires », que d'autres scientifiques acceptent de conduire, pour bénéficier de fonds...

83 En quoi la responsabilité des autorités japonaises est-elle engagée ?

Si on ne peut pas à ce stade préjuger de ce que les autorités japonaises savaient vraiment, on est en droit de se poser la question. Une investigation approfondie mériterait d'être conduite pour déterminer s'il y a eu une volonté délibérée d'ignorer la réalité et/ou de manipuler le système de recherche japonais. Pour comprendre ce qui à nos yeux d'Occidentaux, semble aujourd'hui incompréhensible, il faut sans doute puiser au fond des racines culturelles et sociologiques du Japon. Mais cela dépasse notre champ de compétences. Tout au plus pouvons-nous ici délaisser la casquette du scientifique pour celle du journaliste d'investigation.

En cause probablement, selon certaines sources de presse, le jeu des intérêts économiques et politiques. La promotion de l'énergie nucléaire est une priorité de la politique de l'État japonais et personne n'a réellement intérêt à remettre cela en

Nous avons vécu Fukushima !

« J'habite au Japon, dans l'Ibaraki, au nord-est de Tokyo, à 150 kilomètres de Fukushima, avec mon mari et nos deux enfants, de 10 et 4 ans. Le tremblement de terre du 11 mars 2011 fut étonnamment long : six interminables minutes contre quelques secondes d'ordinaire. L'électricité fut de suite coupée. Plus de lumière ! Plus de téléphone ! Plus de portable ! Plus d'Internet ! Les magasins sans dessus dessous, tous fermés ! Aucun contact possible avec mon mari, au travail à 40 kilomètres de là ! Je récupère les enfants, dont les écoles ont de suite mis en place les règles d'évacuation, facilitées par les exercices annuels et la discipline d'ici. Trois heures plus tard, mon mari réussit à m'annoncer grâce à un instant de fonctionnement de son portable qu'il ne peut pas rentrer faute de train. La mort dans l'âme, je laisse les enfants seuls à la maison dans le noir, sans possibilité de les contacter, avec des secousses qui continuent, pour aller chercher mon mari en voiture. Des murets effondrés et de grandes failles entravent la route. Il n'y a pas de feux tricolores. Des ponts sont barrés. Sur place, j'ai bien du mal à trouver mon mari.

Le 12 mars, par la radio de secours, nous apprenons les désastres dus au tsunami et l'existence de problèmes à la centrale nucléaire de Fukushima. Le 13 après-midi, sur une ligne de téléphone en réception seulement, mes parents m'annoncent depuis la France que la centrale a explosé et émet de la radioactivité. Que faire ? 150 kilomètres, ce n'est rien pour un nuage radioactif. Nous décidons de faire un stock d'eau à la rivière proche, de calfeutrer portes et fenêtres, en pensant rester cloîtrés quelques jours dans la maison. Mais rester sans chauffage, avec peu de vivres et des enfants, si l'attente doit durer, n'est pas pensable. Nous partons pour Tokyo le soir même et le 14 pour Kagoshima, dans le sud.

Que décider ? Les informations japonaises ne dévoilent pas toute la réalité. Mes parents en France sont mieux informés. En Ibaraki, le lait et les légumes sont momentanément interdits. Mon mari doit de suite retourner à son travail. Au bout de trois mois, je dois me résigner à en faire autant, sous la menace de perdre mon poste. Quelle angoisse ! Comment faire manger les enfants sans les gaver de radioactivité ? Comment les laisser jouer dehors ? Comment gérer la vie quotidienne alors que tout est désormais contaminé ? Les gens sur place font comme si de rien n'était. À l'école, au travail, on fait comme si tout était « normal ». C'est seulement après plusieurs mois que les contrôles systématiques, les analyses et l'information des populations sont mis en place.

Le 11 mars 2011 fut un grand tournant pour le Japon. L'entraide, le soutien, la volonté des Japonais de reconstruire au plus vite, sont forts et admirables. Ils acceptent les choses sans se lamenter et vont de l'avant. J'avoue ne pas y réussir. La contamination radioactive me préoccupe toujours autant. Nous sommes contraints de vivre dedans, avec nos enfants. Quel avenir pour eux ? Pour la planète ? Qu'avons-nous fait ? »

Mary-Hélène Noël Kawachi, scientifique française
vivant au Japon depuis 16 ans

Séisme au Japon, un géophysicien raconte...

« Les 10 et 11 mars 2011, j'ai participé à un séminaire scientifique qui avait pour but de comprendre les mécanismes en jeu expliquant les séismes tsunamogéniques (responsables de tsunamis). L'objectif majeur était d'établir l'état d'avancement des travaux relatifs à la compréhension des mécanismes à l'origine du tremblement de terre du 24 décembre 2004 qui a affecté le nord de l'île de Sumatra et le tsunami associé qui fit plus de 220 000 morts.

Parmi la trentaine de spécialistes réunis à l'université de Tokyo et venus du Japon, des États-Unis, d'Indonésie, d'Allemagne et de France figuraient des sismologues, des géodynamiciens, des géophysiciens et des géologues marins, impliqués non seulement dans cette étude mais aussi dans l'étude des séismes des zones de subduction du Japon et de Nankai, zones d'études déclarées prioritaires par le gouvernement japonais à cause du risque élevé de séismes de magnitude supérieure à 8 et potentiellement tsunamogéniques.

Le 9 mars, jour précédent ce séminaire scientifique, les organisateurs du séminaire m'ont demandé de donner une conférence au JAMSTEC (équivalent japonais de l'Ifremer) situé dans la baie de Yokosuka, au sud de Tokyo, que j'ai intitulée « Un séisme destructeur avec tsunami associé pourrait se produire dans un proche futur près de l'île d'Ishigaki (située entre l'île d'Okinawa et Taïwan) ». En effet, suite aux études géophysiques marines récentes que j'ai menées dans cette partie de la zone de subduction des Ryukyus, en collaboration avec des scientifiques de Taïwan, je tenais à sensibiliser les Japonais au risque potentiel majeur d'un prochain séisme tsunamogénique identique à ceux qui se sont produits autrefois, comme celui de 1771 dont la vague de tsunami haute de 30 mètres fit 12 000 morts sur l'île d'Ishigaki et les îles avoisinantes. Je ne pensais pas subir les effets d'un séisme comparable dans sa nature et ses conséquences dès le surlendemain.

Le 11 mars vers 14 h 50 de Tokyo, nos travaux ont été interrompus par les premières arrivées (ondes P, mouvements verticaux) d'un gros séisme. Nous étions dans un bâtiment de l'université de Tokyo construit en 2010 selon les normes parasismiques en vigueur, donc très sûr. L'arrivée brutale des ondes secondaires de cisaillement (ondes S), m'a vite convaincu qu'il fallait sortir rapidement du bâtiment. J'ai dû me tenir à la rampe pour ne pas chuter dans les escaliers. Malgré un genou défaillant, j'étais le premier dehors. Des centaines de personnes sortaient rapidement des bâtiments, dans le plus grand calme, et se regroupaient sur la pelouse, attendant patiemment les instructions des personnes en charge de la sécurité. Quelques minutes plus tard, alors que nous étions toujours dans la séquence d'oscillations des ondes longues de ce séisme, une première réplique de forte intensité se fit sentir. Je reconnaissais les forts mouvements verticaux des ondes P qui s'additionnaient à ceux du séisme précédent, puis les ondes S de cisaillement, très violentes. L'ampleur de cette première réplique me surprit.

Les sismologues japonais faisaient déjà parvenir par Internet, la localisation de l'épicentre du séisme à 130 kilomètres au large de la ville de Sendai, située à 350 kilomètres au nord de Tokyo. Ils précisaient par une première série d'estimations que la magnitude devait être de 7.8, ce qui m'a semblé sous-estimé d'après mon expérience de Sumatra, que la profondeur du

séisme devait se situer à une vingtaine de kilomètres, et qu'un tsunami de l'ordre de 3 mètres était prévisible, hauteur que je considérais d'emblée elle aussi sous-estimée. Dix minutes plus tard, les premières images du tsunami touchant la terre arrivaient sur les portables, suggérant déjà une ampleur du tsunami beaucoup plus importante que celle initialement estimée.
Une heure plus tard, les secousses devenant plus faibles, nous avons été autorisés à rentrer dans les bâtiments, pour récupérer nos affaires et partir. Le meeting était ajourné. Les trains étant tous arrêtés, je me rendis à pied à l'hôtel situé à 30 minutes de marche. Après avoir envoyé quelques messages rassurants à ma famille, j'ai regardé le site de l'USGS (U.S. Geological Survey) qui donnait une magnitude de 8.0 au lieu de 7.0, ce qui correspond à une énergie libérée plus de 30 fois supérieure à celle initialement estimée. La distribution géographique des répliques montrait que la rupture initiale s'étendait sur 450 kilomètres, parallèlement à la zone de subduction et à la côte est du Japon, et qu'elle s'était propagée de part et d'autre de Sendai, et au sud presque jusqu'à la latitude de Tokyo. Une lecture attentive des caractéristiques de ces répliques, qui arrivaient avec une période moyenne de l'ordre de 10 minutes, me suggérait que ce que j'avais attribué à une très forte première réplique était en fait un séisme relativement proche de Tokyo et ayant probablement contribué à une partie de la rupture initiale.
Au cours de la matinée du 9 mars, lorsque j'étais au JAMSTEC, un séisme de magnitude 7.2 a eu lieu à une quarantaine de kilomètres de celui de Sendai (aussi appelé séisme de Tohoku par les Japonais). La terre tremblait, les rideaux des fenêtres oscillaient, mais rien à voir avec les mouvements déclenchés par le séisme de Tohoku du 11 mars. Les sismologues japonais se sont tout de suite posé la question de savoir si ce séisme n'était pas en fait un prémonitoire du séisme de Tohoku, autrement dit, si ce séisme n'avait pas été à l'origine du déclenchement du séisme de Tohoku. De même, les sismologues japonais se posent aujourd'hui la question de savoir si le séisme de Tohoku ne va pas déclencher dans les mois à venir le séisme tsunamogénique qu'ils redoutent tant, au large de la péninsule de Boso donc de Tokyo. En effet, comme dans le cas du séisme de Nias (25 mars 2005) dont la zone de rupture est immédiatement adjacente au sud de celle du grand séisme de Sumatra (24 décembre 2004), et aurait été déclenché par ce dernier, le séisme de Tohoku, ne va-t-il pas lui aussi déclencher une rupture majeure, dans la prolongation de celle du séisme de Tohoku ?
Au lendemain du séisme, l'estimation du nombre des victimes de l'ordre du millier de personnes est probablement très sous-estimée. Je rends hommage au comportement adulte, discipliné et exemplaire de tous les Japonais, afin de minimiser les effets dévastateurs de ce séisme sur leur vie quotidienne et celle de leurs hôtes. Même à l'aéroport de Tokyo-Narita partiellement fermé suite aux dégâts du séisme, ce comportement exemplaire, associé à une anticipation raisonnée de telles situations, a permis une reprise progressive de l'activité aérienne, et ce, malgré l'arrivée continue de répliques. Ni panique, ni bousculade, ni foule dense agacée par l'impréparation des autorités aéroportuaires comme celle que nous avons vécue fin 2010 à l'aéroport Paris-Charles de Gaulle, suite à des intempéries ma foi bien prévisibles, elles.

Jean-Claude Sibuet, Aéroport de Tokyo, 12 mars 2011

cause. L'énergie nucléaire est une affaire rentable pour les compagnies d'électricité, les Japonais payant leur électricité plus chère que le reste du monde. Des géants industriels, comme Mitsubishi Heavy Industries, Toshiba, Hitachi qui sont impliqués dans la construction des centrales, suivent leur logique de rentabilité et l'État leur laisse la bride sur le cou. Quant aux enjeux politiques, il est clair que le Japon, qui a renoncé dans sa Constitution à la guerre, entend néanmoins avoir une capacité nucléaire, si besoin. À partir de là, les milieux académiques et les médias ont suivi. Quant aux scientifiques, certains ont clairement renoncé à leur responsabilité sociale par trop de collusion, d'autres n'ont pas été écoutés. L'État et les gestionnaires des centrales ont voulu croire, ou ont pris le risque de croire, qu'un accident ne se produirait pas.

Les enjeux locaux ne sont probablement pas non plus étrangers au désastre, certaines autorités de régions délaissées, étant sans doute promptes à accepter la construction d'une centrale nucléaire sur leur sol, susceptible d'apporter prospérité et emplois, sans en mesurer les risques.

Dix mois après la catastrophe, le rapport de la Commission d'enquête paru en décembre 2011 a été accablant pour le gouvernement. Il y dénonce la lenteur et la confusion avec laquelle celui-ci a informé la population, usant notamment d'un langage évasif pour éviter d'admettre la fusion du combustible dans les réacteurs. Il y fait également état de l'insuffisance de communication entre les fonctionnaires et le bureau du Premier ministre, une opacité qui aurait retardé les mesures d'alerte et d'évacuation des populations. Le ministère de l'Industrie et l'Agence de sûreté nucléaire reprochent à TEPCO (Tokyo Electric Power) sa lenteur dans la fourniture d'informations, mais dans le même temps, ces autorités n'ont envoyé aucun personnel au siège social de la compagnie. Autant d'erreurs qui ont exacerbé l'ampleur de l'accident, le pire dans une centrale depuis celui de Tchernobyl en 1986.

Alors, conclusions hâtives ou informations fiables ? Le journaliste d'investigation, a souvent la fâcheuse tendance de vouloir instruire les dossiers exclusivement à charge ou à décharge à partir de ses idées *a priori*, ce qui le différencie fondamentalement du scientifique. Nous arrêterons donc là l'instruction, faute de preuve fiable. Les évidences géophysiques sont suffisamment lourdes pour se suffire à elles-mêmes.

Petit tour du monde de la prévision sismique

Particulièrement exposée au risque sismique, pour lequel elle a déjà payé un lourd tribut, la Chine est aujourd'hui à la pointe de la prévision des séismes. Avec une originalité particulière. Pour elle, pas de dogme. Pas de méthode érigée en vérité absolue. La prévision réussie passe nécessairement par le croisement de plusieurs méthodes et signes annonciateurs.
Dès 1966, en pleine révolution culturelle, les autorités chinoises adoptent une approche pluridisciplinaire. Rien n'est mis de côté, tout est bon à prendre et d'énormes moyens sont mis en œuvre. Déploiement de réseaux complets d'observation des séismes, études géologiques de terrain, prospections géophysiques, expériences de laboratoires, etc. En 1973, le gouvernement crée le Bureau d'État des séismes et lance un vaste programme d'enseignement consistant à donner à plus de 100 000 Chinois des rudiments de sismologie. Paysans, citadins, tous sont appelés à participer à ce plan de prédiction et à reconnaître les signes qui ne trompent pas. Ce parti-pris de transversalité étant fait, les physiciens explorent toutes les pistes de prédiction possibles et publient un nombre impressionnant de papiers sur le sujet. Comportement des animaux, gonflement anormal des sols, variation du niveau des puits… Selon l'étude bibliographique sur les précurseurs sismiques réalisée par le Bureau de recherches géologiques et minières (BRGM) en 2010, 40 % des publications consacrées à la prédiction à court terme entre 1980 et 2009, proviennent de Chine, ce qui fait de ce pays le plus actif sur le sujet.

L'École chinoise, championne de la prévision tous azimuts ?

Cet intérêt pour la prédiction à court terme apparaît d'autant plus paradoxal que le pays se caractérise justement par une sismicité extrêmement diffuse. Autrement dit, le handicap maximal pour faire la moindre prévision à court terme ! Alors pourquoi cet engouement ? Deux raisons peuvent être avancées.
La première tient à la mentalité chinoise et à son approche radicalement différente de la nôtre en terme de problématique sismique. En Chine, le résultat prévaut sur le pourquoi, le constat que « ça » marche étant plus important que de comprendre « pourquoi » ça marche. On retrouve là, la relation particulière des Chinois avec l'herboristerie ou l'homéopathie. On ne sait pas pourquoi, mais on sait que ça guérit. Un credo aux antipodes du fonctionnement de la science occidentale qui doit d'abord proposer des hypothèses physiques à tester.
La seconde raison est probablement le manque de choix ! Dans un pays où l'aléa est si difficile à évaluer et où il n'existe aucun guide pour savoir où et quoi instrumenter, que faire d'autre que de déployer toutes les techniques à la fois ?
Cette méthode « tous azimuts » connaîtra un succès retentissant et un échec non moins retentissant. Après avoir réussi à prévoir le séisme du 4 février 1975 à Haicheng, elle ne verra rien venir l'année suivante lors du terrible séisme de Tangshan, le plus meurtrier depuis 400 ans, avec ses 280 000 à 600 000 victimes, selon les estimations.

La prévision réussie de Haicheng : réel succès ou effet de propagande ?

Le 3 février 1975, le fonctionnaire local en charge des risques sismiques de la province d'Haicheng, annonce qu'un séisme de forte magnitude va détruire la ville le lendemain. Quelques jours plus tôt, des petits tremblements de terre précurseurs et l'attitude étrange de certains animaux ont mis la puce à l'oreille des sismologues. D'autres indices les ont également mis en alerte. Le gonflement anormal des sols, l'apparition de bulles dans les puits...

Devant la multiplication de ces observations, une cellule d'intervention est montée à Haicheng en toute urgence. À raison. Entre le 1er et le 3 février 1995, plus de 500 secousses sont enregistrées et le 4 février au matin, l'arrêt total de toute activité sismique fait craindre le pire. En quelques heures, la zone est évacuée. Le lendemain, la ville est détruite presque en totalité !

Bilan ? Le séisme n'aura fait « que » quelques milliers de victimes sur les trois millions d'habitants que comptait la ville. Chance ? Pas chance ? Ce qui est certain, c'est que la décision d'évacuation repose plus sur un faisceau d'observations empiriques inquiétantes que sur un constat catégorique. Ici, pas de carcan rigide interdisant de donner l'alerte en l'absence d'un canevas théorique de preuves irréfutables, comme cela a été le cas, malheureusement, à L'Aquila. La prédiction réussie d'Haicheng doit autant, à la concordance heureuse entre les observations recueillies et le séisme, qu'à l'éducation de la population. L'année suivante, personne en revanche ne verra venir le terrible séisme meurtrier de Tangshan dans la même zone nord-est de la Chine. L'échec est si dur que le succès d'Haicheng sera discrédité et cette méthode empirique, momentanément marginalisée.

Les serpents (ici en phase de reproduction au printemps) survivent aux rigueurs du froid en hibernant sous terre. Les milliers de serpents retrouvés congelés à Haicheng en février 1975 étaient-ils sortis avant ou après le séisme ?

Alors, pourquoi l'échec de Tangshan en 1976 ?

Avec ses 280 000 à 600 000 morts estimés, le séisme de Tangshan est probablement le plus meurtrier de l'histoire. Pourtant, la zone était surveillée de près et de nombreux sismologues et géophysiciens qui avaient repéré des anomalies, travaillaient sur cette région, en collectant les indices qui auraient pu aider à prévoir le tremblement de terre. Alors, comment expliquer ?

D'abord, l'absence de séisme connu. Aucun séisme important ne s'était jamais produit à Tangshan. Ensuite, le manque de connaissance du site lui-même. Personne ne savait qu'il existait une faille sous la ville car elle était cachée sous une épaisse couverture de sédiments. La mauvaise interprétation des signaux constatés est encore un autre facteur. Beaucoup de sismologues pensaient que les anomalies observées à Tangshan étaient des répliques du séisme de Haicheng de 1975 ou des séismes plus faibles qui avaient eu lieu à 150 kilomètres au sud de Tangshan au début de l'année 1976.

L'absence de signes annonciateurs a été un autre facteur aggravant. Aucune variation brutale de la sismicité n'a en effet été observée avant le séisme de Tangshan, alors qu'il y en avait eu avant celui de Haicheng. La dimension économique a également joué un rôle. Le coût social de l'évacuation de la région de Tangshan, grande banlieue de Pékin, était trop élevé en l'absence d'une prévision absolument fiable. Mais que ce qui a le plus manqué à Tangshan a été *in fine* la connaissance insuffisante des phénomènes qui se produisent sur les failles quelques semaines ou jours avant le déclenchement du séisme.

Quoi qu'il en soit, l'effet Tangshan sera double. En Occident, cet échec est la preuve que la méthode chinoise ne marche pas. Les recherches occidentales en matière de prédiction à court terme marquent un coup d'arrêt et la désillusion est amère. Tous en sont convaincus, la prédiction réussie d'Haicheng n'était qu'un coup de bluff au service de la propagande d'État. En Chine, l'échec en revanche ne décourage pas la communauté scientifique. Au contraire. Dès lors, le Bureau d'État des séismes chinois se lance dans un grand programme de recherche fondamentale à l'occidentale, sur la genèse des tremblements de terre et la mécanique de la rupture sismique.

La ville de Tangshan, rayée de la carte, est reconstruite avec des règles parasismiques draconiennes. Aujourd'hui, c'est devenu une ville moderne, aux larges avenues bordées d'arbres qui, dit-on, serait devenue l'une des villes les plus sûres du monde... Les mesures de reconstructions parasismiques ont été strictement respectées. Tous les bâtiments ont été reconstruits, éloignés les uns des autres, pour ne pas causer de dégâts collatéraux. Les routes ont été élargies, notamment aux sorties de la ville, pour faciliter une évacuation et l'accès des secours. Les accès routiers aux autres villes de la région ont également été améliorés, de vastes pelouses ont été aménagées pour permettre au 1,7 million d'habitants de se mettre à l'abri en cas de fort risque sismique et les conduites d'eau et d'électricité ont été renforcées pour que les habitants aient toujours du courant et de l'eau potable. Un cas d'école exemplaire qui ne vaut pas pour toutes les zones à risques chinoises.

L'École américaine, secouée par les polémiques ?

L'école sismologique américaine est profondément marquée par la désillusion de la fin des années 70 qui a succédé à l'optimisme débridé des années précédentes. En 1968 aux États-Unis, la théorie de la tectonique des plaques vient d'être validée, la compréhension globale des phénomènes sismiques semble désormais limpide, tout paraît possible. Ce bouillonnement est d'autant plus exacerbé que la guerre froide bat son plein et que les Soviétiques viennent d'annoncer avoir trouvé une méthode pour détecter les séismes ! Les laboratoires s'observent, la primeur à la découverte crée une émulation bouillonnante stimulée par un véritable engouement pour la prédiction des séismes. Grand public, médias, chercheurs, tout le monde se passionne pour le sujet.

Le séisme de San Fernando en 1971, avec ses dégâts considérables, joue alors un rôle de catalyseur. À la suite de cette catastrophe, deux chercheurs américains annoncent avoir observé un bombement du sol dans la région concernée. Ce bombement pourrait être compatible avec la théorie des Soviétiques selon laquelle, avant le séisme, le sol se gonflerait sous l'effet de la micro-fracturation des roches. La découverte paraît si concluante que de nombreux sismologues de renom s'y intéressent, à l'image de Frank Press, futur conseiller scientifique de Jimmy Carter. Mais en 1977, Max Wyss, un autre scientifique réputé, publie dans *Nature* un article dans lequel il annonce que ce gonflement du sol qui, selon lui, a pris naissance dix ans auparavant et continue d'évoluer chaque année, n'est absolument pas lié au séisme de San Fernando mais à la phase de préparation d'un autre séisme beaucoup plus grave. Le « Big One » qui pourrait survenir en Californie du Sud avant la fin des années 70. Les querelles que font naître cette publication divisent la communauté scientifique. Pour les uns, il est urgent de tenir compte de cette manifestation prédictive. Pour les autres, les mesures du bombement sont fausses et les conclusions erronées. Alors, manifestation fiable ? Pas fiable ?... Les tenants s'étripent par papiers interposés et la polémique atteint une violence inouïe.

Survenant en pleine controverse, l'annonce de la prédiction réussie du séisme de Haicheng en 1975, achève de convaincre qu'il est possible de prévoir les séismes. Une loi sur la réduction des risques sismiques avec un large volet consacré à la prévision (Earthquake Hazard Reduction Act) est votée en 1977. La même année, une agence se crée aux États-Unis et des programmes de recherche sont montés à tour de bras. En 1977, à la suite du séisme dévastateur de magnitude 8.1 qui a secoué Lima en 1974, Brady, un sismologue de l'USGS (United States Geological Survey), annonce à grand renfort de communiqués de presse que ce séisme n'est que le précurseur d'un autre séisme péruvien à venir. Les éléments de preuve sont plus que farfelus, mais qu'importe ! Brady poussera même la vanité (ou l'aveuglement dans l'erreur) jusqu'à donner la date et la magnitude exactes de ce séisme. Décembre 1980 pour un séisme de magnitude 9.2 ! L'un des séismes les plus importants jamais enregistrés. Amplement

relayée, médiatisée à l'extrême, la nouvelle crée une véritable panique. Les prix de l'immobilier chutent à Lima, l'exode s'organise, certaines personnes vont même jusqu'à commander des cercueils... En quelques mois, c'est toute l'économie péruvienne, déjà mal en point, qui s'effondre. Pour rien, puisque aucun séisme ne se produira. Cette anecdote finira de ruiner pour un temps la réputation des sismologues « ès précurseurs », et mettra un coup d'arrêt à cet engouement pour la prédiction.
La désillusion faisant, certains sismologues finissent par penser que toute prédiction est impossible. Charles Richter lui-même écrit en 1977 : *« Les journalistes et le public bondissent sur la moindre évocation d'un moyen infime de prévoir les séismes, comme des cochons affamés se ruent sur leur mangeoire. Ces éléments de prédiction sont un terrain de jeu pour les amateurs, les névrosés et les charlatans avides de publicité médiatique.»*
Mise en veilleuse quelques temps, la recherche américaine en matière de prédiction sismique reprendra dans les années 90, appliquée à la faille de San Andreas, et sous le contrôle étroit cette fois de l'USGS. Depuis 1981, et les ultimes prédictions farfelues d'un chercheur du Service géologique, les sismologues américains ont en effet établi un code de déontologie interdisant toute prévision publique qui n'aurait pas été validée par une commission d'expertise indépendante.
Reste que le mal est fait. Aujourd'hui encore, le mot « précurseur » est banni de la communauté sismologique. Et ceux qui osent s'aventurer sur ce terrain, le font en cachette, avec des moyens détournés.

La science adoucit-elle les mœurs ?...

Pas sûr. De nombreuses polémiques ont émaillé l'histoire de la sismologie américaine par la violence de leurs propos et la passion de leurs tenants respectifs. La controverse qui a opposé en 1971 les partisans de la thèse d'un séisme imminent en Californie du Sud à ceux qui jugeaient cette alerte totalement injustifiée est restée tristement célèbre.
Dans son ouvrage *Predicting the Unpredictable. The Tumultuous Science of Earthquake Prediction,* Susan Hough rapporte que les chercheurs s'envoyaient par courrier, des enveloppes remplies de m.... pour signifier ce qu'ils pensaient des travaux de leurs adversaires !...

Peu de failles peuvent se vanter de faire trembler toute une région comme la faille de San Andreas ! En Californie, tout tourne autour d'elle. Et, dans le milieu, on ne parle que d'elle. Instrumentée, radiographiée, photographiée sous toutes ses coutures, elle est depuis des années le phénomène géologique le plus étudié du monde. Et pour cause, on peut la longer sur 1 200 kilomètres du nord au sud de la Californie. Pas besoin d'avoir un œil averti pour la deviner à travers le paysage. Glissière grinçante entre deux plaques de croûte terrestre, la nord-américaine à l'est et la Pacifique à l'ouest, elle rapproche San Francisco de Los Angeles au rythme de 3,5 centimètres par an ! Et si ce mouvement restait le même, Los Angeles et San Francisco seraient côte à côte dans trente millions d'années !

San Andreas, la faille la plus célèbre du monde ?

Comme toutes les failles décrochantes, San Andreas n'est pas une longue fracture linéaire de l'écorce terrestre mais est composée d'une multitude de segments indépendants. Et chacun vit sa vie ! Certains ont tendance à glisser de manière régulière en cassant ponctuellement, d'autres emmagasinent de l'énergie

La faille de San Andreas à Wallace Creek (Californie)

élastique beaucoup plus longtemps et cassent brutalement, ce qui les rend aussi beaucoup plus dangereux. De ce fait, le taux de récurrence des séismes d'un segment à l'autre n'est absolument pas le même.
Deux séismes sont restés dans les mémoires. Celui de 1857 au sud et celui de 1906 au nord. En 1857, la faille a cassé sur un segment de plus de 300 kilomètres. En 1906, la rupture s'est faite sur environ 450 kilomètres. Sachant que le « Big One » cassera l'un de ces deux segments de faille, soit 300 kilomètres au minimum, il se situera là où la faille bloque et non pas là où elle glisse régulièrement. Le scénario le plus probable est qu'il se produise en Californie du Sud, tout près de San Bernardino, une zone où cela fait 155 ans que la faille est bloquée. Le taux de récurrence des séismes sur ce segment est de 170 ans. L'échéance se rapproche donc à grand pas... Heureusement, la région est relativement peu peuplée et la majorité des bâtiments sont parasismiques.

En quoi consiste l'expérience de Parkfield ?

Parkfield est un tout petit village de 37 habitants, du centre de la Californie, coupé en deux par la faille de San Andreas. C'est là qu'en 1978, des chercheurs de l'USGS (United States Geological Survey) ont décidé de poser leurs valises pour observer au plus près les comportements de la faille, un emplacement de choix puisque, ici, la terre tremble presque chaque jour et qu'un séisme important a lieu en moyenne tous les 22 ans ! De 1857 à 1966, la zone a en effet connu un tremblement de terre de magnitude 6 tous les 22 ans ! Une constatation étonnante qui a incité les chercheurs à venir se poster aux premières loges.
Mettant à profit cette apparente régularité de métronome, ils ont installé une batterie complète d'appareils de mesure sur un tronçon de faille de 22 kilomètres. Capteurs de secousses sismiques, détecteurs de géodésie et de géochimie, expansomètres, tiltmètres, sismomètres...
Sachant que le dernier séisme avait eu lieu en 1966, le suivant devait normalement se produire en 1988. Rien ne s'étant passé à cette date, les sismologues ont mis à profit ce retard pour procéder à un forage de trois kilomètres de profondeur et aller déposer une douzaine de capteurs à même la faille, en attendant le grand jour. Mais déception ! Ce n'est qu'en octobre 2004, soit 16 ans après la date prévue, que l'évènement tant attendu est enfin arrivé ! Un séisme de magnitude 6 qui n'a fait que de très faibles dégâts et n'a été précédé d'aucun signe annonciateur détecté par les instruments ! Une demi-satisfaction donc, mais qui n'enlève rien à l'intérêt de l'expérimentation. Les données recueillies pendant toutes ces années sont en effet de précieuses informations qui, pour certaines, sont toujours en cours de traitement.
Équipé de la sorte, Parkfield est devenu le premier observatoire sismique du monde *in situ*. Une double cause de célébrité pour ce petit village dont le fier slogan est *« Be there when it happens !.. » (Soyez là quand le* « Big One » *frappera)*. L'invitation est notée !

L'École russe, une avancée soviétique ?

Pour comprendre les particularités de l'École russe dans le domaine de la prédiction sismique, il faut se replacer dans le contexte historique des années 60. On est en pleine guerre froide, c'est la course aux armements et les grandes puissances testent leurs armes en effectuant des tirs nucléaires dans le plus grand secret. La sismologie, qui est le meilleur moyen pour détecter et localiser les tirs de l'adversaire, se développe de manière spectaculaire après la signature du traité d'interdiction des essais nucléaires dans l'atmosphère et en mer en 1963. Pour affirmer leur supériorité, les scientifiques soviétiques, qui

Tir d'essai nucléaire sous-marin, le 8 juin 1958, dans l'atoll d'Enewetak (îles Marshall), dans le Pacifique

sont passés à côté de la révolution de la tectonique des plaques, annoncent, à la fin des années 60, avoir trouvé une méthode de prédiction des séismes.

Cette méthode repose sur la détection des propriétés physiques de la croûte terrestre, à l'aide de la mesure de la vitesse de propagation des ondes P (VP) et des ondes S (VS). L'hypothèse des Soviétiques est que, les roches de la croûte se fissurant sous l'effet du cisaillement, le rapport VP/VS devrait varier avant un séisme.

Dès la fin des années 60, les Soviétiques font état de résultats spectaculaires qui attisent la curiosité des Occidentaux. En 1971, le congrès de l'Union internationale de géodésie et géophysique a lieu à Moscou et de nombreux sismologues américains font le déplacement. Devant des Occidentaux sidérés, les scientifiques soviétiques annoncent que la méthode VP/VS marche et qu'ils sont désormais en mesure de prédire les séismes. La nouvelle se répand à l'Ouest comme une traînée de poudre dans tous les laboratoires de sismologie et les médias, certains allant même jusqu'à déplorer le regrettable retard de la recherche occidentale en comparaison de son homologue soviétique ! L'espoir soulevé est vite déçu. Il est établi que les résultats des Soviétiques ont été obtenus à partir de données erronées et les tentatives des Américains pour appliquer la méthode VP/VS s'avèrent vaines. De fait. Jusqu'à aujourd'hui, on ne lui connaît toujours pas de succès véritable.

John F. Kennedy signant le traité (États-Unis, Royaume-Uni, URSS) d'interdiction des tirs d'essais nucléaires en mer et dans l'atmosphère

L'École grecque, une école de pensée controversée ?

La Grèce est probablement le pays le plus sismique de toute l'Europe. À elle seule, elle comptabilise la moitié des secousses enregistrées en Europe ! Il suffit de regarder la carte pour comprendre. La Grèce est en effet à cheval entre la plaque eurasienne et la plaque égéenne, une plaque en extension où la croûte s'étire et se déchire en créant une sismicité diffuse, un peu partout à l'intérieur de la plaque. Au sud, la plaque égéenne est bordée par la fosse hellénique, associée au plongement de la plaque africaine vers le nord. Cette situation confère à la Grèce une sismicité très particulière. Au milieu, les séismes ont lieu en grappes, les uns après les autres, concentrés en essaims. En bordure sud, ce sont des séismes géants, de magnitude parfois supérieure à 8. L'histoire de la Grèce est d'ailleurs jalonnée de ces séismes de subduction comme celui de 1903 qui a touché l'île de Cythère (Kythira en grec) ou de tsunamis géants comme ceux de 365 apr. J.C., 1629 ou encore 1866.

Cette familiarité avec les séismes explique la forte culture sismologique des Grecs et leur investissement dans ce domaine. La méthode VAN est une méthode de prévision sismique portée par trois scientifiques grecs au charisme incontestable, Varotsos, Alexopoulos et Nomicos. Choqués par le tremblement de terre de 6.7 qui a touché Athènes en 1981, les trois physiciens (qui ne sont pas sismologues), vont alors chercher, à partir de leurs propres domaines de compétences, des éléments pouvant permettre de prévoir les séismes. En 1982, ils annoncent avoir remarqué que, quelques jours à quelques heures avant un séisme, de courts signaux électriques apparaissaient dans le sol. Baptisées SES (signaux électrosismiques), ces anomalies, captées avec de simples électrodes enfoncées dans le sol, pourraient donc s'avérer annonciatrices de séismes.

La première explication donnée par les inventeurs est assez simple. À l'approche d'un séisme, les contraintes exercées sur les roches à base de quartz, créent des courants électriques. En effet, le quartz, comme d'autres matériaux, a cette propriété bien connue appelée la piézoélectricité, qui consiste à générer un potentiel électrique sous l'action d'une contrainte mécanique. Ce procédé est employé, par exemple, dans de nombreux usages de la vie quotidienne comme les allume-gaz, etc. L'hypothèse consiste donc à imaginer qu'avant un séisme, les roches, comprimées sous l'effet des contraintes, envoient des signaux électriques précurseurs. Après avoir mené un certain nombre d'expériences en laboratoire, l'équipe VAN finit par ériger une méthode qui lui permet, dit-elle, de pouvoir déterminer le lieu, l'heure et la magnitude d'un séisme à venir. Les publications de l'équipe VAN inondent alors la presse scientifique. Rien qu'entre 1984 et 1996, plus d'une vingtaine d'articles, dont deux dans la revue *Tectonophysics* sont consacrés à ce sujet.

Problème. Malgré quelques prédictions réussies, la méthode n'a cessé d'attiser les polémiques, sans jamais parvenir à convaincre. L'écho donné à cette méthode par la presse, la forte personnalité des auteurs et enfin, la fragilité des fondements scientifiques sont autant d'ingrédients qui expliquent les haines féroces qui ont animé la communauté scientifique autour de cette question. En France, des clans se forment autour de Haroun

Tazieff, qui a pris fait et cause pour la méthode grecque, et Claude Allègre qui, à la tête de l'IPG (Institut de physique du globe) œuvre à la déboulonner. Les années passant, les esprits s'étant apaisés, la méthode n'a pas été enterrée. Loin de là. Bon nombre de physiciens en Russie, au Japon ou en Chine continuent de s'y intéresser pour ce qu'elle peut apporter d'enseignement en matière d'émission électrique des roches mises sous contraintes.
Mise en cause sur le fond, la méthode a également été vivement critiquée sur la forme. On ne peut pas prétendre élaborer une théorie en refusant de la mettre en doute ou de la confronter, au seul motif qu'elle n'est applicable que par un cercle d'initiés. D'autre part, cela fait des années que les sismologues en charge de la surveillance du territoire grec ne cessent de dénoncer les entorses déontologiques de l'équipe VAN consistant à envoyer, directement et sans validation, des fax d'alertes sismiques aux autorités civiles et à la presse grand public ! Une pratique, pour le moins, peu... orthodoxe !

Une vie au service des séismes

Dans le rapport parlementaire qu'il a rédigé en 1995 pour l'Office parlementaire d'évaluation des choix scientifiques et techniques, Christian Kert, un député français, écrit : « *Votre rapporteur a rencontré le professeur Varotsos : on ne peut qu'être interpellé par l'attitude de cet homme. Véritable moine-soldat consacrant sa vie à cette recherche, il a transformé sa propre habitation en un centre de traitement des enregistrements de ses stations (...) Se levant plusieurs fois par nuit pour surveiller ses terminaux (...)* ». Il est vrai que Varotsos ne laisse personne indifférent, tant la passion qui l'anime est intense. « *Rien de grand ne s'est jamais fait dans le monde sans passion...* », disait Hegel.

De nombreux séismes de magnitude modérée se produisent en Grèce. Ici, un séisme de magnitude 6.4 a lézardé une église, dans le bourg de Kremastí, situé à 60 kilomètres de l'épicentre.

L'École italienne ou comment concilier volcans et séismes ?

Le séisme de L'Aquila le 6 avril 2009 a rappelé au monde entier la réalité de la menace sismique italienne. Et pourtant, l'histoire du pays est ponctuée de séismes dévastateurs. Le tremblement de terre, suivi d'un tsunami, qui a frappé le 28 décembre 1908 le détroit de Messine au sud du pays a été responsable d'environ 70 000 à 100 000 morts entre les villes de Messine et de Reggio di Calabria. Le 13 janvier 1915, un autre séisme dramatique a causé la mort de 30 000 personnes dans la région des Abruzzes. Plus récemment encore, un séisme a eu lieu en 1980 à Irpinia, près de Naples, et un autre en 1997 en Ombrie et dans les Marches. L'Italie s'est toujours intéressée aux phénomènes telluriques, sismiques et vulcanologiques. Et pour cause ! Situé sur le front de collision, entre la plaque africaine et la plaque eurasienne qui passe en Afrique du Nord, en Sicile, par la Calabre et remonte le long des Apennins, le pays est à la fois une zone à hauts risques ! Plus de 24 millions d'Italiens, soit 40 % de la population, vivent dans une zone à risque sismique élevé ou moyen et personne ne peut exclure un séisme de magnitude 8 en Sicile ou en Calabre.

Le volcanisme, reste le deuxième danger de la péninsule Italienne. Un volcanisme qui est étroitement lié au contexte du rapprochement des plaques Europe-Afrique. Le Stromboli et le Vulcano, deux volcans encore actifs, sont directement liés à la zone de subduction éolienne, l'endroit précis où la lithosphère océanique de la Méditerranée orientale plonge sous la Sicile et la Calabre. D'autres volcans comme l'Etna ou le Vésuve, qui ne sont pas directement liés à cette subduction, sont connus pour leur activité. Restée célèbre, la fameuse éruption du Vésuve le 24 août 79 apr. J.C., qui a entièrement détruit la cité romaine de Pompéi et enseveli près de 30 000 personnes, continue toujours de hanter l'agglomération de Naples. Même si l'on a aujourd'hui les moyens de prévenir ce genre de catastrophe, la ville reste toujours sous la menace d'une éruption ou des manifestations

Coulée de lave de l'Etna (Sicile)

telluriques des champs phlégréens, une zone volcanique où l'on peut observer de curieux gonflements du sol, des phénomènes hydrothermaux, des fumerolles et des puits de boue bouillonnants.
Tous ces phénomènes telluriques expliquent que les Italiens ont très tôt porté un intérêt particulier aux sciences de la terre, avec une imbrication traditionnelle des deux disciplines. Ici, prédictions sismiques et prédictions vulcanologiques sont étroitement liées, les volcanologues italiens s'intéressant également aux séismes et à la prédiction sismique à court terme !
L'Istituto Nazionale di Geofisica e Vulcanologia, organisme d'État de réputation mondiale, traduit bien cette liaison étroite.

L'École française, une école d'excellence qui doit s'émanciper de son passé ?

Même s'il n'y a pas d'école sismologique française à proprement parler, il existe une tradition géophysique très ancrée qui place la France dans le peloton de tête des meilleurs élèves de la discipline. Clairaut, Maupertuis, Le Monnier, Coulomb ou Brunhes sont autant de noms prestigieux qui ont marqué la géodésie et la géophysique françaises depuis le XVIIIe siècle. Les laboratoires de sismologie de Grenoble, Strasbourg ou Paris comptent parmi les meilleurs à l'échelle mondiale. Témoin de cette excellence de la sismologie française, la création du réseau *Géoscope*, (composante française du réseau international de sismomètres standardisés), qui joue un rôle considérable depuis le début des années 80.
En matière d'étude des précurseurs sismiques, l'un des résultats les plus marquants de ces dernières années, est probablement la découverte de l'existence de « trémors » sismiques avant la rupture du séisme d'Izmit en 1999. Une avancée majeure ! Ce résultat, qui n'a été publié que très récemment, est le fruit d'une recherche fondamentale menée pendant dix ans et d'une connaissance particulièrement pointue des processus de rupture.
Les travaux menés en 1990 par l'Institut de physique du globe de Paris (IPGP) et l'École normale supérieure (ENS) pour l'expertise de la méthode grecque ont contribué à faire avancer les connaissances fondamentales sur les signaux électro-sismiques et les processus physiques associés à la rupture. Le Commissariat à l'énergie atomique

C'est sans doute à Jean Coulomb (1904-1999) que l'on doit l 'excellence de la sismologie en France

(CEA) a également contribué de manière significative à la recherche sur les précurseurs, en conduisant une expérience grandeur nature sur le lac de barrage de Roselend, dans les Alpes. Régulièrement vidangés tous les dix ans, pompés en hiver (jusqu'à 60 mètres de dénivelé) pour les besoins en électricité, les lacs de barrage retrouvent, avec les eaux de fonte, un plein niveau en été. Ces variations régulières de niveau, qui peuvent atteindre 100 mètres ont évidemment des incidences importantes sur les forces appliquées au socle rocheux. L'idée est donc de comprendre comment la variation des contraintes modifie certaines propriétés du massif : porosité, perméabilité, conductivité électrique, etc. Pour obtenir ces données, les scientifiques ont déposé des capteurs tout autour du lac, instrumenté une galerie de 128 mètres creusée dans le flanc du massif et créé deux puits de forage pour mesurer le niveau d'eau. L'objectif du CEA est double. Faire avancer les connaissances en matière de prédiction sismique mais aussi mieux connaître le comportement d'un massif rocheux fracturé que l'on aurait truffé de déchets nucléaires. Comment répond le sous-sol ? Quelle limite de contraintes peut-il supporter ? Y a-t-il des émanations de radon associées à ces variations de contraintes ? Une expérimentation unique !...

Reste qu'en dehors de cette sismologie fondamentale qui se porte bien, la France n'est pas particulièrement active en termes de recherche sur la prévision sismique. Sur 225 papiers examinés par le BRGM dans son étude consacrée aux précurseurs, seuls deux ont été écrits par des Français. L'explication tient probablement à la méfiance pour le sujet laissée par la polémique Allègre-Tazieff sur la méthode VAN. Échaudée, la communauté scientifique a probablement jugé que le terrain était encore trop glissant pour s'y aventurer.

Obstacles et perspectives

84 Les séismes sont-ils prédictibles ?

Prédictibles ? Pas prédictibles ? Aussi curieux que cela puisse paraître, cette question monopolise le débat depuis des décennies. Avec cette autre question sous-jacente. Sommes-nous simplement dans un état actuel de développement qui ne permet pas encore de prévoir, ou bien est-ce un processus qui n'est pas prévisible et ne le sera jamais ?
Certes, il existe des fondements objectifs qui pourraient expliquer qu'on ne puisse pas prévoir les tremblements de terre. Cette imprévisibilité existe dans la nature. C'est l'exemple du tas de sable sur lequel on fait tomber des grains. On sait qu'à partir d'une certaine hauteur du tas, le système devient critique et qu'il peut dégénérer. Mais quelle forme d'écroulement va-t-il suivre ? Celui d'une grande cascade, d'une petite cascade, d'un effondrement global ? La taille de l'effondrement est imprévisible. Chaque grain de sable joue un rôle mais on ne peut pas connaître le rôle exact de chacun. Par analogie, beaucoup de sismologues pensent que les séismes relèvent de

ce type de processus, et qu'il est vain de vouloir trouver des précurseurs à des phénomènes qui sont intrinsèquement imprévisibles.

Depuis des années, les camps s'affrontent par papiers interposés. Les provocations et déclarations tonitruantes ne sont pas absentes du débat et on est loin de l'ambiance feutrée des cénacles de vieux sages ! Les partisans du non (parmi lesquels Robert Geller au Japon et certains chercheurs de l'université de Californie) ont la conviction qu'il est plus utile d'investir dans une politique de prévention du risque, l'ingénierie ou une meilleure définition de l'aléa sismique que dans la recherche de précurseurs. Cette conviction biaise, à notre sens, le raisonnement scientifique car elle aboutit à une conclusion excessive consistant à dire qu'il est impossible de prédire les séismes. Et pour aller dans ce sens, la communauté avance un certain nombre d'arguments. Le plus important est l'absence toujours patente d'aucun précurseur fiable. « *Toutes les prédictions ayant échoué jusqu'à présent, il n'y a pas de raison qu'on réussisse plus aujourd'hui !* » Or, ce raisonnement est par essence contraire à toute idée de progrès scientifique et à la façon dont se font les découvertes. Pour citer David Hume : « *On n'a aucun argument pour dire que ce qu'on ne connaît pas ressemble à ce qu'on connaît déjà.* » Si on ne cherche que ce qu'on connaît déjà, on n'a peu de chance de découvrir quoi que ce soit de neuf ! L'adage populaire le dit bien : « *ce n'est pas en améliorant la bougie qu'on a inventé la lampe à incandescence !* » Et Christophe Colomb n'aurait pas découvert l'Amérique s'il n'avait exploré une toute autre voie. Les grandes découvertes scientifiques reposent souvent sur l'audace.

David Hume (1711-1766), philosophe des sciences du Siècle des lumières. Peinture de Alan Ramsay, 1766

Pour les partisans du oui, le progrès est au bout de cette dynamique. Si on prend le temps d'organiser et de développer la recherche dans ce sens, si les scientifiques s'investissent vraiment dans ce sujet en se débarrassant de leur inhibition, alors on arrivera peut-être à prévoir un jour les séismes. L'une des pistes de recherches les plus prometteuses est probablement celle des petites secousses « avant séisme » et les derniers résultats encourageants obtenus par l'équipe de Michel

Bouchon de Grenoble en sont la démonstration. Maintenant il faut du temps, de la patience et beaucoup de persévérance.

85 La prévision sismique, victime de la pensée unique ?

Oui, en quelque sorte. En Occident, c'est tout le « paradigme » de la prédiction sismique qu'il conviendrait de changer. Quoique le mot soit galvaudé et souvent utilisé à tort, il correspond bien à notre problématique. Mais rappelons d'abord ce qu'est un paradigme. Si l'on s'en tient aux définitions courantes, un paradigme est « *une façon de voir le monde à partir de critères bien définis, une sorte de rail de pensée dont les lois peuvent faire obstacle à l'introduction de nouvelles solutions mieux adaptées* ». Or, il est clair que si l'on veut arriver à prévoir un jour les tremblements de terre, il faut radicalement changer la façon de penser de la communauté scientifique, et en particulier celle des sismologues, pour décloisonner la profession et parvenir à travailler de façon pluridisciplinaire. Sans mutualisation ni transversalité des savoirs, pas de progrès.
Cette véritable « révolution mentale » implique de changer l'ensemble des perceptions, croyances et valeurs qui régissent la recherche sur le sujet depuis tant d'années. Le cas des vagues scélérates illustre parfaitement ce carcan intellectuel. Pendant des années, les scientifiques ont négligé ce phénomène, convaincus que cela ne pouvait pas exister, car contraires à toutes les lois de la physique. Il a fallu qu'une succession de vagues scélérates, avec photos à l'appui, finissent enfin par déstabiliser cette belle assurance pour faire prendre conscience de la réalité des faits ! La simple réalité des faits ! Cet exemple illustre bien qu'on ne peut pas nier un événement, au seul motif qu'on ne sait pas l'expliquer !

86 La conception actuelle de la recherche est-elle un obstacle à l'avancée des connaissances ?

Oui, il y a tout lieu de le penser. Car nous sommes en pleine influence poppérienne, aux antipodes de l'esprit que la recherche sur la prévision sismique nécessiterait. Mais rappelons d'abord qui est Karl Popper et quelle est sa conception de la science. Popper est un des grands philosophes des sciences qui

Karl Popper (Vienne 1902, Londres 1994), un immense philosophe des sciences du XXe siècle

a marqué la pensée du XXe siècle, dont les idées ont été largement reprises lors du débat sur la théorie de la tectonique des plaques. Pour lui, la science avance par un processus d'essais et d'erreurs. Dans un premier temps, il s'agit d'échafauder une théorie ou une hypothèse puis de la confronter à l'expérience pour pouvoir la réfuter. On parle de théorie (ou hypothèse) à « falsifier » au sens premier de « mettre en faute ». Tout le progrès de la science repose sur cette succession d'hypothèses, l'une chassant l'autre pour mieux avancer. Autrement dit, tant qu'une théorie n'a pas été mise en défaut, elle est considérée comme valable. Mais, poussée à l'extrême et, comme trop souvent aujourd'hui, sans discernement, l'approche poppérienne conduit à un processus assez stérilisant que beaucoup voient comme du simple « vérificationnisme » aigu. En gros, il s'agit de poser une théorie, réaliser des expériences, vérifier si les résultats sont en accord avec cette théorie et, si ce n'est pas le cas, changer de théorie. Pour Karl Popper, la théorie précède donc l'observation, notre vision de la réalité n'existant que parce qu'on a une idée *a priori* sur l'interprétation des choses. Or, je ne peux comprendre ce qu'est un nuage si je n'ai pas d'idée sur sa composition en gouttelettes d'eau et la façon dont elles s'agrègent pour le former. La connaissance, et donc la théorie, est pour Popper un postulat indispensable en amont.

Certes, mais on aura vite compris les aspects castrateurs de ce processus, pourtant universellement imposé actuellement à la recherche. Le premier inconvénient, c'est qu'il retire toute possibilité de découvertes fortuites. Un champ de connaissances potentielles dont la science est pleine. Pour ne citer qu'un exemple, Flemming a découvert la pénicilline grâce à son voisin qui travaillait dans le même laboratoire sur les champignons ! Alors qu'il faisait des manipulations sur les staphylocoques, il a remarqué que les endroits contaminés par les champignons, ne contenaient plus de germes.

Le second inconvénient est encore plus gênant. Comment faire quand on n'a aucune idée des processus mis en jeu ? Mieux encore. Comment proposer des hypothèses lorsqu'on ne

dispose d'aucune observation en amont ? Difficile... Et pourtant, c'est exactement le contexte (un peu ubuesque) dans lequel se trouvent les chercheurs occidentaux. Pour échafauder une théorie, il faut avoir des données mais pour avoir des données, il faut un budget, et pour cela, il faut faire une proposition de recherche qui n'a de chance d'être acceptée que si l'on présente des hypothèses à vérifier !... C'est le serpent qui se mord la queue.
De nombreuses avancées scientifiques se sont faites par « confirmation de suppositions extrêmement audacieuses et pas seulement par réfutation de petites hypothèses ou conjectures prudentes ». Le mauvais usage de l'influence poppérienne, trop courant dans la façon de penser dominante actuelle est, à notre sens, un obstacle majeur au progrès en matière de prédiction sismique.

87 Comment transposer l'expérience de laboratoire à la nature ?

Une expérience de séisme grandeur nature n'est pas reproductible. Un séisme n'est pas modélisable comme une simple expérience de laboratoire et il n'existe aucun protocole « prêt à l'emploi » en la matière.
La première raison tient évidemment au caractère unique de chaque séisme. Si tant est qu'on ait eu la chance inouïe d'instrumenter la zone à l'endroit exact où le séisme s'est produit, il y a peu de chances de retrouver

Le site de Roselend : une étape intermédiaire, du laboratoire à la nature

ailleurs les mêmes paramètres. Chaque lieu étant unique, la géologie sera unique, le type de faille sera unique, etc. Bien sûr, on peut réaliser des expérimentations sur échantillon en laboratoire qui soient utiles, instructives, pour améliorer le dispositif instrumental et mieux connaître le comportement mécanique d'une roche. L'expérience du lac de Roselend conduite par le CEA dans un environnement où chacun des paramètres était contrôlé a apporté des informations d'une valeur inestimable sur le comportement d'un milieu soumis à des contraintes. Mais, quelle que soit la qualité des résultats obtenus, il est impossible de faire la moindre extrapolation à un séisme grandeur nature. À quoi ressemble le milieu ? Est-il fissuré ou non ? Quel est l'état de l'hydrologie et de la porosité des roches ? Autant d'inconnues qui resteront sans réponse.

88 La prédiction sismique, un objectif sujet à caution ou réellement scientifique ?

En dépit de son ironie à l'encontre des charlatans cherchant à prédire pour satisfaire leur ego, Charles Richter n'a jamais dit que la prédiction sismique était impossible. Certes, le sujet est extrêmement ardu et d'une complexité inouïe. Certes, le raisonnement scientifique dans sa composante « formulation d'hypothèses/affirmation du modèle existant/proposition de

Immeuble endommagé lors du séisme d'Izmit de 1999. Construire suivant des règles parasismiques est certainement la première des choses à faire

nouveaux modèles/vérification » est effectivement difficile, voire impossible, à appliquer au domaine de la prédiction sismique en raison même de cette difficulté à passer de l'expérimentation à la grandeur nature. Mais en dehors de ces différences fondamentales, la prévision sismique appartient sans aucun doute au champ de la recherche scientifique.

Et pourtant, elle occupe une place particulière dans l'esprit des sismologues comme du grand public. À mi-chemin entre science véritable et science occulte. D'abord, parce que la discipline est encore connue pour ses fiascos retentissants. Ensuite, parce qu'elle a souvent été détournée de ses fondements scientifiques. Prédire un séisme et l'annoncer, c'est se positionner au-dessus du lot, en osmose avec les forces telluriques, et en sauveur de la planète. L'histoire de l'humanité, à travers ses écrits, ses médias et aujourd'hui sa toile du net, est parsemée de ces Cassandre de la fin du monde.

89 Quelles sont les difficultés sociologiques de la discipline ?

La première difficulté aujourd'hui pour un jeune chercheur (occidental en particulier) est de se lancer dans un secteur relativement déconsidéré à cause des échecs retentissants de ces années passées. Les prédictions à tout va d'un certain nombre de prédicateurs farfelus ont fortement nui à la discipline et amoindri son attractivité. Depuis, les chercheurs répugnent à engager leur réputation dans un domaine où le risque d'échec est grand et où le moindre faux-pas est difficilement pardonné.

L'autre difficulté tient au grand écart permanent imposé au chercheur. D'un côté, il faut travailler sur les aspects théoriques pour pouvoir proposer des modèles physiques à tester. De l'autre, il faut acquérir des données nouvelles. Or, pour obtenir des financements et acquérir des données, on est obligé de tester de nouvelles hypothèses physiques, mais pour avoir l'idée d'hypothèses physiques à tester, il faut être en mesure d'analyser des données nouvelles. Un cercle vicieux… Autre difficulté enfin, l'hyper-spécialisation. Aujourd'hui personne ne décrochera le moindre budget pour un sujet sur la prédiction sismique intégrant une approche multi-paramètre. Alors même que tout le monde sait que le salut passe par là !

L'activité de surveillance sismique est également l'un des aspects peu gratifiants de la discipline. On peut en effet passer des années à acquérir des données dans un observatoire sans que rien ne se passe jamais. Un scénario digne du *Rivage des Syrtes* ou du *Désert des Tartares* ! Cette notion d'attente est une composante fondamentale de la vie des sismologues, comparable, en bien des points, à celle de ces soldats toujours sur le qui-vive, las d'attendre, et qui finissent par rêver qu'une bonne grosse attaque vienne enfin justifier leurs années de patience et d'abnégation. Et contrairement au jugement d'André Breton à propos du *Rivage des Syrtes* affirmant que : « *Au-delà de ce qui arrive ou n'arrive pas, l'attente est magnifique* » l'attente des sismologues est, elle, loin d'être magnifique. Car sans événement pas de données, sans données pas d'avancée des connaissances, pas de progrès. Or, on peut passer des années à accumuler des données sans savoir quoi en faire. On rejoint, là encore, la phrase d'Orville Wright, pionnier de l'aviation : « *When you know what to look for, you see things that you did not see when you did not know what to look for.* » *(Quand tu sais quoi regarder, tu vois des choses que tu n'avais pas vues, quand tu regardais sans savoir ce qu'il fallait regarder)*.

Bilan ? Pour continuer à faire de la surveillance sismique continue, il faut une bonne dose de patience, de passion, et des

Le séisme de 1855 au Japon a inspiré le mythe du Namazu (poisson-chat en japonais), tenu responsable des tremblements de terre. Ici, les victimes se vengent contre Namazu

activités de recherches parallèles suffisamment stimulantes pour palier au désert... de séismes.
Face à ce constat, bon nombre de chercheurs vont privilégier des domaines où existent des perspectives de publications retentissantes. La course à la publication, qui est devenue depuis quelques années le moteur majeur de bon nombre de chercheurs, a également faussé la donne et rejeté au bord du chemin la prévision sismique où aucune découverte révolutionnaire, dit-on, ne serait prête à voir le jour. Cette thèse est martelée par la majorité des sismologues pour lesquels aucune méthode sûre de prévision ne sortira avant 20 ou 30 ans, voire 50 ans ! Même s'il s'agit plus d'annonces à l'emporte-pièce que de calculs élaborés avec rigueur, on imagine l'effet dissuasif sur les orientations d'un jeune chercheur ! Car enfin, personne ne peut prétendre qu'on ne découvrira avant cette date les moyens de détecter des précurseurs fiables.
Il est clair, par ailleurs, que le sujet n'intéresse pas les industriels, actuellement plus portés sur l'amélioration des matériaux pour la prévention parasismique que sur d'hypothétiques découvertes en matière de prédiction. Quitte à investir de l'argent public, mieux vaut privilégier la protection civile, l'ingénierie ou la reconnaissance des failles actives d'une région. Le résultat est que toute proposition de recherche sur la prédiction sismique en France se verrait d'emblée mise à l'écart, une frilosité, spécifiquement occidentale, au regard de ce qui se passe en Asie.
Dernière difficulté de cette recherche en Occident, l'organisation par projet. Des projets dont le terme est, la plupart du temps, trop court pour satisfaire les besoins de la prédiction sismique qui, pour avoir des résultats concrets, doit procéder à des écoutes sur de longues années, maintenir des équipements, traiter les données en temps réel. Ce qui veut dire installer du personnel sur place bien au-delà des deux ou trois ans de budget prévus pour chaque projet ! Une conception organisationnelle aux antipodes de celle qui existe actuellement.

90 La prévision sismique, un choc de cultures ?

En matière de recherche sur les précurseurs, la façon de penser entre l'Orient et l'Occident est fondamentalement différente. En Occident, les récits ou histoires qui relatent tels ou tels phénomènes ou comportements inhabituels liés aux séismes sont considérés comme des légendes populaires appartenant au domaine folklorique des superstitions. Une hérésie au regard des Orientaux pour lesquels ces narrations ont toute leur importance. Pour ces peuples, la probabilité qu'il existe des phénomènes anormaux avant les séismes et que ces phénomènes soient intrinsèquement inexplicables est une conception tout à fait acceptable. Ce n'est pas parce qu'on ne comprend pas les choses qu'il faut les rejeter. Même les sismologues japonais, pourtant influencés par la culture occidentale, ont profondément gardé cette conception orientale du vivant, les êtres (et parfois les objets) étant, dans les religions bouddhiste et animiste, l'un et l'autre dotés d'une âme. Certains scientifiques orientaux formés aux États-Unis sont d'ailleurs souvent dans un dilemme étonnant. Pris en tenaille entre leur culture profonde et leur frottement aux modes de pensée occidentale, ils sont souvent forcés d'adopter une position de défiance à l'égard de ce qui n'est pas explicable qui va à l'encontre de leur ouverture naturelle.

Sir Isaac Newton

Reste que cet abîme culturel entre l'Orient et l'Occident devrait, avec le temps et la mondialisation, se combler si l'on accepte au moins, de ne pas fermer la porte à toute recherche scientifique qu'on taxerait à l'avance d'infructueuse. Et pourquoi ne pas repenser de temps en temps à cette phrase de Newton ? Le grand Newton, découvreur des clés de la gravité, principale force régissant le monde, les planètes et les étoiles : « *J'aurai été toute ma vie comme un enfant devant son tas de coquillages, ravi de les avoir trouvés, mais tellement impressionné devant l'océan de découvertes qu'il reste à faire* ». Belle leçon d'humilité dont nous pourrions nous inspirer…

90 clés
pour comprendre
les séismes
et tsunamis

Que sont les séismes et tsunamis ?

Évaluation et prédiction des risques

Prévention sismique, une planète à deux vitesses

Peut-on prévoir les séismes ?

Tohoku et Fukushima, le drame japonais du 11 mars 2011

Obstacles et perspectives

Pour en savoir plus

Bardintzeff, J.-M., 2010. Volcans du monde : séismes et tsunamis. Éditions Orphie, collection Le grand livre, 155 p.

Bernard P., 2003. Qu'est-ce qui fait trembler la Terre ? L'origine des catastrophes sismiques, étude brochée, np.

Bouley S., Fournié H., 2011. Risques naturels en 300 questions réponses. Éditions Delachaux et Niestlé, 240 p.

Dupuy J.-P., 2005. Petite métaphysique des tsunamis. Éditions du Seuil, collection Débats, 106 p.

Hough S., 2009. Predicting the unpredictable: The Tumultuous Science of Earthquake Prediction. Princeton University Press, 272 p.

Ollivier M., 2009. Tsunami. Éditions Thierry Magnier, collection Petite poche, 46 p.

Remoissenet M., 2008. Ondes et catastrophes : du Soliton au tsunami. Books on demand, 200 p.

Rapports en ligne

Précurseurs de séismes majeurs : un état de l'art et étude bibliographique. Rapport final BRGM/RP-58282-FR, décembre 2009 (www.brgm.fr/brgm/Fichiers/rapports_SP/2010/cas/RIS_8_V2.pdf).

Document d'information sur le risque sismique à destination des médias. Rapport final BRGM/RP-55012-FR, décembre 2006 (www.irma-grenoble.com/PDF/.../sismique/dossier_BRGM_1.pdf).

Édition Jeunesse

Courant F., 2004. C'est pas sorcier : volcans, séismes et tout le tremblement. France Télévision Distribution, DVD.

Guichard F., 2010. Séismes et cataclysmes. Éditions Larousse, l'Incroyable encyclopédie Larousse 8/12 ans, 40 p.

Rabourdin S., 2006. La Terre se déchaîne : ouragans, séismes, tsunamis. Éditions La Martinière Jeunesse, collection Hydrogène, 107 p.

Rubin K., 2010. Séismes et volcans. Éditions Larousse, collection À la loupe junior, 24 p.

Crédits photographiques

Couverture : **Plat I** : © ollirg, Fotolia.com ; **Plat IV** : Sismographe : © ZEPHYR/SPL/PHANIE ; dégâts tsunami (haut) : © Ria Novesti/SPL/PHANIE ; Le rivage de Kalutara (Sri Lanka) à l'amorce du reflux, après le tsunami de 2004 (milieu) : © Digital Globe/Eurimage/SPL/PHANIE ; maison dans la coulée de lave de l'Etna (bas) : © BRGM, François Michel.

Table des matières : Sismographe (gauche) : © ZEPHYR/SPL/PHANIE ; volcan (milieu) : © Nasa/Johnson Space Center/Gateway to Astronaut Photography of Earth ; L'Aquila après le séisme de 2009 (droite) : © EMSC/CSEM.

Avant-propos : © Nasa, Johnson Space Center/Gateway to Astronaut Photography of Earth.

Chapitre 1 : **Question 1** : © IPGP, R. Lacassin ; **Question 2** : © United States Geological Survey (USGS) ; **Question 3** : © Données USGS/NEIC/dessin réalisé par Marc-André Gutscher ; **Question 4** : © United States Geological Survey (USGS) ; **Question 5** : Azzedine Boudiaf ; **Question 6** : a. © José-Antonio Penas/SPL/PHANIE, modifié par Ifremer, Laetitia Morvan, b. © Nasa/Johnson Space Center/Gateway to Astronaut Photography of Earth ; **Question 8** : © NOAA/NGDC ; **Question 9** : © NASA ; **Question 10** : © Emilio Segre, Physics Today Collection, American Institute of Physics, SPL/PHANIE ; **Question 11** : © USGS/modifié par Ifremer, Laetitia Morvan ; **Question 12** : (libre de droits) ; **Question 13** : © ZEPHYR/SPL/PHANIE ; **Question 14** : © ESA/CE/Eurocontrol/SPL/PHANIE ; **Question 15** : © IPGP/Géoscope ; **Question 16** : © USGS/ modifié par Ifremer, Laetitia Morvan ; **Question 17** : © Leah/SPL/PHANIE ; **Question 18** : © U.S. Government/CTBTO/Official CTBTO Photo Stream ; **Question 19** : © Grande_Illustrazione_del_Lombardo_Veneto_vol. 3_Plinio_Secondo, Wikimedia Commons (libre de droits) ; **Question 21** : © Patrick Lebret ; **Question 22** : a. © NOAA, modifié par Ifremer, Laetitia Morvan, b. © NOAA/CEA ; **Question 23** : © NASA/JPL ; **Question 24** : © Digital Globe/Eurimage/SPL/PHANIE ; **Question 25** : a. Pierre Henry, b. USGS/SPL/PHANIE ; **Question 26** : © Baltimorax, Wikimedia Commons (libre de droits).

Chapitre 2 : entrée de chapitre : © BRGM**,** Pierre Mouroux ; **Question 28** : © CNRS/IPGP, département de Tectonique, R. Armijo ; **Question 29** : © EMSC/CSEM ; **Question 30** : © BRGM**,** *Le risque sismique en Provence-Alpes-Côte d'Azur*, co-édition RÉGION-PACA, BRGM, DIREN-PACA, avec la collaboration du CETE-Méditerranée, coordination M. Terrier, décembre 2006-12-04 ; **Question 31** : © Azzedine Boudiaf ; **Question 32** : © E.M. Cushing, WikiCommons (libre droits) ; **Questions 33 & 34** : © Jean-François Ritz ; **Questions 35 & 37** : © Christoph Grützner ; **Question 39** : © MEDDTL ; **Questions 41 & 42** : © NOAA/PTWC ; **Question 43** : © CEA/CENALT ; **Question 44a-b** : **©** SLBA, Nice (SNIA) ; **Question 45** : © Pascal Bernard ; **Question 46** : © USGS/Google Earth ; **Question 47** : © Kenji Satake.

Chapitre 3 : **entrée de chapitre** © Digital Globe/Eurimage, SPL/PHANIE ; **Question 48 :** © NOAA/PTWC ; **Question 50** : © Nikos Nadiilidis ; **Question 51a-b** : © Creative Commons ; **Question 52** : © Gary Hincks/ SPL/PHANIE ; **Question 53** : © EMSC/CSEM ; **Question 54** : © Procès de Galilée devant le Saint-Office en 1632, toile de Joseph-Nicolas Robert-Fleury, (Musée du Louvre), gravure extraite du Larousse du XXe siècle en six volumes, tome 3, 1930 ; **Question 55 :** © Ria Novesti/ SPL/PHANIE ; **Question 56** : © Mary-Hélène Noël Kawachi ; **Question 58** : © USGS/Brown R.D. ; **Question 59** : **a.** © EMSC/CSEM, **b.** Éric Calais ; **Question 60** : © AFP/Atta Kenare.

Chapitre 4 : **entrée de chapitre** © Ifremer ; **Question 62** : © CNRS, Michel Bouchon ; **Question 63** : © Bernhard Edmaier/Science Photo Library ; **Question 64** : © Jean Vandemeulebrouck ; **Question 65** : © Jeff Kubina, Wikicommons (libre de droits) ;

Édition et coordination du projet : Nelly Courtay
Maquette, couverture et mise en page : Gwendolin Butter
Assistance infographie : Ifremer, Laetitia Morvan

Imprimeur : BETA Barcelone
Dépôt légal : septembre 2012